삐싸의
말문이
트이는
영어
육아

베싸의 말문이 트이는 영어 육아

박정은 지음

일상에서 자연스럽게 익히는 우리 아이 진짜 영어

온더페이지
on the page

동사별 문장: 표현 확장

아이의 언어 플랜은
세우셨나요?

우리 부모들은 육아를 준비할 때 많은 계획을 세웁니다. 출산 계획, 휴직 계획은 물론 육아에 드는 비용 계획을 세우고, 육아 용품 구매 리스트를 작성합니다. 아이를 혼자 키울지, 친정 엄마의 도움을 받을지 등 양육 계획도 세우죠.

이에 비해 아이의 언어 플랜, 즉 아이에게 어떤 외국어를 언제부터 어떤 방식으로 경험하게 해줄지에 대한 계획은 늦게 고민하고 실행하는 경우가 많습니다.

유튜브 '베싸TV' 구독자들이라면 알겠지만, 저도 미리 언어 플랜을 세우고 딸 다미를 키운 것은 아닙니다. 많은 부모처럼 저도 영어를 학교에서 배운 세대이고, 아직 어린 아기에게 영어를 '공부'시킨다는 생각 자체가 부정적으로 다가왔습니다.

하지만 몇 달간 전문가의 자문을 포함한 집요한 조사를 한 끝에, 영어와 외국어에 대해 전혀 다른 시각을 갖게 되었어요. 한마디로 영어도 국어와 마찬가지로 '언어'라는 것입니다. 이 세상의 모든 아기는 태중에 있을 때부터 어떤 언어든 습득할 준비가 된 열성적인 언어 학습자라는 사실도 알게 되었어요. 그래서 뒤늦게 언어 플랜을 세우고 '바이링구얼 육아'라는 것을 시작하게 되었습니다.

'베싸TV'를 운영하면서 느낀 것이 있습니다. 그건 오랫동안 트렌드로 자리 잡힌 육아 방식에는 대체로 이유가 있다는 것입니다. 매년 아동 발달에 대한 수많은 연구가 쏟아져 나옵니다. 이 연구들이 충분히 쌓이고, 이 연구들을 기반으로 하는 전문가들의 조언이 대중 매체를 통해 확산되기 시작하죠.

그러다 보면 하나의 트렌드가 만들어집니다. 예를 들어, 예전에는 부모들이 아이를 비교적 엄격하게 훈육하는 편이었고 심지어 체벌도 흔했어요. 그러나 아동 발달과 심리에 대한 여러 연구에서, 어린 아이에게 따뜻하고 섬세하게 반응해주는 것이 아이의 뇌 발달에 훨씬 좋다는 인사이트를 내놓기 시작했죠. 그 결과 '따뜻하고 긍정적인 육아 방식'은 하나의 트렌드가 되었고, 점점 육아의 기본 원칙으로 자리잡게 되었습니다.

아이가 어릴 때부터 두 개 이상의 언어를 다룰 수 있도록 키우는 바이링구얼 육아 역시 해외에서는 이미 트렌드가 되고 있습니다. 미국이나 유럽 등 다양한 언어를 구사하는 사람들이 공존하는 지역에서는 바이링구얼로 아이를 키운다는 개념 자체가 생소하지 않아요.

미국 인구의 20%, 유럽 인구의 56%가 두 개 이상의 언어를 사용한다고 합니다. 1960년대에 '주류'인 백인 지도층에 의해 바이링구얼리즘이 나쁘고 이상한 것으로 매도되던 시절도 있었습니다. 하지만 바이링구얼이 계속해서 늘어날 수밖에 없는 글로벌 시대에, 계속해서 잘못된 프레임에 머물러 있을 순 없었겠죠.

많은 언어학자가 바이링구얼리즘에 대해 관심을 가지고 연구를 진행했고, 바이링구얼로 아이를 키우는 것에는 상당한 이점이 있음이 알려졌습니다. 그전 시대의 사람들이 우려했던 것처럼 바이링구얼로 성장한다고 해서 반쪽자리 언어 두 개를 구사하게 되는 것이 아니며, 전반적인 언어 능력, 사고력, 인지 능력, 사회성이 오히려 더 뛰어날 수 있다는 근거가 계속해서 나왔고요. 이런 이야기가 확산되기 시작하면서 바이링구얼 육아라는 트렌드가 만들어지기 시작했습니다.

좋은 것은 다들 알아보는 법입니다. 특히 우리 아이를 잘 키우고 싶다는 부모의 본능적이고 강력한 욕구에 영향을 받는 육아의 세계는 더욱 그렇습니다. "아이에게 좋대"라는 말의 힘은 강력하죠.

아마존에 'bilingual parenting(바이링구얼 육아)'이라고 검색하면,

아이를 바이링구얼로 키우는 방법에 대한 육아서가 수십 권이 나옵니다. 바이링구얼 육아법에 대한 노하우를 공유하는 홈페이지나 페이스북 커뮤니티도 활발히 운영되고 있어요.

국제 결혼이나 이민 등으로 바이링구얼 환경을 가진 집이 아니더라도 아이들을 바이링구얼로 키울 수 있도록, 이중언어로 아이들을 보육하는 바이링구얼 어린이집, 외국어가 가능한 베이비시터를 연결해주는 바이링구얼 시터 서비스도 있습니다.

'영어 어린이집 등장, 선을 넘은 조기교육.'

한국이라면 이런 기사가 먼저 나올지도 모릅니다. 대부분이 모국어 하나만 하는 모노링구얼인 한국에서는 바이링구얼 육아라는 개념이 생소한 것도 사실입니다. 이게 '영어 조기교육'의 궁극적인 버전 정도로 비칠 수도 있을 거예요.

하지만 바이링구얼 육아는 어린 아기들을 사교육으로 몰아넣는 것도, 영어 전집이나 DVD, 단어 카드를 구매하도록 부추기는 것도 아닙니다. 아기가 어렸을 때부터 일상생활 속에서 두 언어를 어떤 형태로든 '경험'할 수 있도록 부모가 도와주는 것입니다. 언어에 극도로 민감하며 뇌가 아직 성숙하지 않은 생애 초기에 딱 한 번밖에 줄 수 없는 값진 선물을 주기로 마음먹는 것입니다. 본문에서 더 설명하겠지만, 이 선물 패키지에 포함된 것은 토익 만점 같은 게 아니에요.

바이링구얼 육아에 대한 일부 전문가들의 편견 섞인 시선에도 불구하고, 저는 10년 후면 앞서나가는 부모들 사이에서 바이링구얼 육아가 트렌드로 자리잡을 거라고 생각합니다. 다시 말하지만 좋은 것은 다들 알아보는 법이니까요.

저보다 늦게 부모가 된 독자들이 저보다 빠르고 손쉽게 아이의 언어 플랜을 세우도록 돕기 위해 이 책을 썼습니다. 조금 더 앞서 나가는 지식으로 내 아이에게 '두 언어'라는 특별한 선물을 주었다는 뿌듯함과 보람을 느끼는 계기가 되길 바랍니다.

박정은

PART

1

바이링구얼
육아를
하고 있습니다

CHAPTER 1.

내가 바이링구얼
육아를 결심한 이유

영어를 모국어처럼 습득하는
바이링구얼

오늘 아침, 새벽에 어느샌가 제 침대로 기어올라와서 옆에서 자고 있던 딸 다미가 눈을 반짝 떴습니다. 먼저 깨서 휴대폰을 잠시 보고 있던 저와 눈이 마주치자 씩 웃었죠. 저는 아이의 팔을 주물러주고, 등도 좀 문질러주었습니다. 그런 후 거실로 나가자고 권유했죠.

엄마   Should we go out?
          밖에 나갈래?

다미   마사지 해줘.

엄마	Where? You want me to rub your back again?
	어디? 등을 더 문질러줘?
다미	(끄덕끄덕)
엄마	Okay… rubbing your back… How does it feel?
	좋아… 등 문지르는 중. 느낌이 어때?
다미	따뜻.
엄마	It feels warm? I'm pressing some spots along your spine.
	따뜻해? 이제 척추를 따라서 꾹꾹 누르고 있어.
	There is a big bone running across your back. It's called
	spine. It's like a pillar of our body.
	여기 네 등을 가로지르는 큰 뼈가 있어.
	이걸 척추라고 해. 우리 몸의 기둥 같은 거지.

2년째 바이링구얼 육아를 하고 있는 저희 집의 오늘 아침 풍경입니다. 이 책을 보는 독자들에게 이 현장을 공유하고 싶어, 마침 들고 있던 휴대폰으로 부랴부랴 영상을 찍어 남겼죠.

제가 나누고 싶었던 이 현장의 본질은 바로 '일상 속 자연스러움'입니다. 아이에게 영어를 가르쳐 주기 위해서 책상에 앉아 책이나 교재를 펼칠 필요도 없고, 학원에 데려가거나 방문 선생님을 부를 필요도 없습니다. 돈 한푼 들일 필요도, 영어 전집이나 원서를 열심히 검색할 필요도 없고요. 교육용 태블릿 PC를 구입할 필요도, 일부러 미디어를 틀어줄 필요도 없죠.

그저 침대에서 눈을 반쯤 뜬 채 행복하고 자연스러운 일상에서 아이에게 말을 건넬 뿐입니다. 바이링구얼 육아는 매일 아침 이렇게 시작됩니다.

제게 주어진 육아를 위해 나만의 방식으로 최선을 다하고 있지만, 사실 저는 평소 부지런하게 이것저것 준비하고 시행해주는 '엄마표 육아'를 하는 타입은 아닙니다. 물론 놀이나 영어, 학습 등 다양한 영역에서 '엄마표'를 꾸준히 실천할 수 있는 부지런한 부모들을 존경합니다. 그런 열정적인 부모들을 보면 감탄하고는 하죠.

다만 저는 그렇게 하기는 좀 어려웠어요. 육아 초기에는 아기의 발달을 위해 이런 놀이를 하면 좋다, 이런 활동을 하면 좋다, 이런 걸 공유하는 콘텐츠들을 잠시 따라 해보기도 했지만 늘 그때뿐이었습니다. 정신없이 하루를 보내기 바빴고, 문득 돌아보면 "아, 오늘도 그거 안 했네…" 하는 마음의 빚이 남았죠. 인스타그램에는 북마크만 해놓은 콘텐츠들이 쌓여갔어요.

'엄마표 영어' 또한 캐주얼만 입는 제가 눈길조차 주지 않는 레이스 원피스 같은 것이었습니다. '저런 것도 하는구나, 대단하다'라는 생각은 하지만 어딘가 모르는 '내 것'은 아니었어요.

그래서 '아이를 영어와 친해지게 해야겠다'는 마음을 먹었을 때 흔히 생각하는 엄마표 영어가 아닌 다른 방법을 자연스럽게 택하게 되었습니다. 삶의 일부에 영어를 녹여내는 방식이었죠. 그리고 그건 전 세계에서 가장 흔하고 자연스럽고 보편적으로 일어나고 있는 방식이었어요.

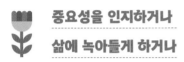

중요성을 인지하거나 삶에 녹아들게 하거나

천성적으로 부지런하지 못한 제가 꾸준히 오랫동안 실천하고 있는 것들은 크게 두 부류로 나뉩니다. 하나는 내가 정말 중요하다고 생각하는 것, 다른 하나는 삶에 녹아들 수 있는 것이죠.

예를 들어, 책이나 논문을 읽는 활동은 제가 정말 중요하다고 생각하는 것입니다. 독서를 위해서는 시간을 따로 빼야만 하는데, 육아와 일로 바쁜 삶에서 그렇게 하는 것은 쉽지 않습니다. 하지만 독서가 얼마나 삶과 성장에 중요한지 경험을 통해 알게 되었으므로, 어떻게든 독서를 하려고 노력합니다. 적게 읽는 시기, 많이 읽는 시기는 있지만 독서는 꾸준히 지켜오는 습관입니다.

삶에 녹아들 수 있는 것의 예는 운동입니다. 이전에는 운동에 대한 중요성은 머리로는 알지만, 실천으로 이어질 만큼 마음으로 느끼지는 못했어요. 그래서 운동의 중요성에 대해 읽거나 체중계에 올라

갔다가 깜짝 놀라는 날에 헬스장을 끊었다가도 두 달 이상 지속되는 일은 드물었죠.

이 문제를 해결하기 위해 습관에 대해 연구했습니다. 그리고 내게 맞는 방식은 운동을 위해 시간을 따로 빼는 게 아니라 일상에 운동을 자연스럽게 녹이는 거라는 결론을 내렸어요.

예를 들면 출근길에 도보 20~30분의 걷기가 포함될 수 있도록 했고요. 집 밖에 나가야 할 때는 귀찮다는 생각 대신 '공짜 운동의 기회다!'라고 생각했습니다. 어디 다녀오는 일이나 몸을 써야 하는 일을 자처했죠. 이런 식으로 하다 보니, 운동을 나름 생활에 포함할 수 있게 되더군요.

이 2가지 접근법은 물론 상호 배타적이지 않습니다. 제가 꾸준히 하는 모든 활동에는 두 접근법이 다 들어 있지만 비중이 다를 뿐이죠.

독서에는 '중요성'이 80%라면, '삶에 녹아듦'은 20%입니다. 휴대폰의 이북으로 대중교통에서 책을 읽는다든가 하는 노력은 조금씩 하고 있지만요.

운동은 '삶에 녹아듦'이 80%라면 '중요성'은 20%입니다. 그래서 중요성을 환기하기 위해 유튜브에 '운동의 놀라운 효과'에 대한 영상이 뜨면 동기 유발을 위해 주저 않고 클릭하고는 합니다.

'아이를 영어와 친해지게 하기' 프로젝트에서도 앞에서 설명한 2가지가 유효했습니다. 첫 번째 중요성의 관점에서, 아이의 삶에 영어를 들여놓는 것이 어떤 효과가 있고 얼마나 중요한지에 대해 그 누구보다 열심히 연구했어요.(자세한 내용은 뒤에서 설명하겠습니다.)

하지만 중요성에 대해 아무리 읽더라도 직접 경험한 것이 아니기에 나를 움직이는 강력한 동기가 되지는 못했습니다. 운동의 중요성을 읽어서 알고 있지만, 헬스장을 두 달 이상 다니지 못했던 것과 마찬가지였어요. 의지가 강하고 부지런한 사람은 책으로 읽는 간접 경험만으로도 습관으로 만들 수 있을지 모르겠지만, 저와 같은 사람에겐 충분치 않았어요.

그래서 더 필요한 것이 삶에 녹아들게 하는 것이었습니다. 영어가 따로 시간을 내서 준비해야 하거나, 아이를 데리고 어디에 가야 하거나, 무언가를 계속 구매하고 찾아봐야 하는 '특별 활동'이 되어버린다면 내가 지속하지 못할 것을 알았으니까요. 영어는 특별 활동이 아닌, 삶의 일부가 되어야 했습니다.

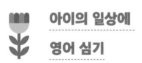

아이의 일상에
영어 심기

다행히도 영어는 언어죠. 언어는 이미 우리 삶의 일부고요. 그 언어가 영어가 아닌 한국어일 뿐.

그래서 제가 해야 할 일은, 한국어로 이루어지는 다미와의 일상에서 일부를 영어로 바꾸어나가는 것이었습니다. 아침에 아이에게 "잘 잤어?" 대신 "Did you have a good sleep?"이라고 말해주는 것이죠.

이 방식은 전 세계의 43%를 차지하는, 바이링구얼 환경에서 자라는 아이들이 매일 경험하고 있는 것이에요. 이중언어 환경에서 자라는 아이들에 대한 논문을 한 무더기 읽은 저는 너무나 자연스럽게도 이러한 방식을 택했습니다. 바이링구얼 육아를 시작한 것이죠.

당시 저는 영어를 원어민 수준으로 하는 것은 아니었지만, 18개월 아이와의 일상 회화 정도는 가능할 정도였어요. 그래서 큰 허들 없이 '일단 해보자'는 생각으로, 딸 다미에게 한국어 대신 영어로 무작정 말을 걸기 시작했어요.

엄마	Dami's breakfast! Can you open this? 다미의 아침밥! 이거 열 수 있어?
엄마	Lift up! 들어 올려!
엄마	One scoop. Oh, second scoop for mommy? 한 스쿱. 오, 두 번째 스쿱은 엄마 주는 거야?
다미	아냐, 다미.
엄마	Can you give me two more scoops to mommy's bowl? 엄마 그릇에 두 스쿱 더 넣어줄래?

당시 다미의 언어 수준은 "엄마 안아", "아냐", "아빠 없어" 등 간단한 두 단어 정도였어요. 제가 영어로 말하기 시작한 첫날에는 저를 빤히 바라보기는 했지만 싫어하지는 않았어요.

한국어로 말할 때와 마찬가지로 아이가 하는 행동을 영어로 중계하듯 표현해주거나, 제스처를 풍부하게 하며 간단한 질문을 던지곤 했죠. 아이는 대부분 눈치로 알아듣는 것처럼 보였습니다.

"아이가 혼란을 겪지 않을까요?"라고 종종 물어보는 부모가 있어요. 당연히 아이는 혼란스러울 겁니다. 처음에는요. 아기들은 놀랍게도, 다른 언어 체계를 신생아 때부터 구분할 수 있거든요. 한창 언어를 배워야 할 시기의 아기들은 소리와 구조가 다른 낯선 언어 체계를 상당히 민감하게 감지해냅니다.

태어나서 1~2년 동안 한 언어로 소통하다가 부모가 다른 언어를 갑자기 말하는데 혼란스럽게 느끼지 않을 아기가 어디 있겠어요. 하지만 사람은 적응하는 존재이기 때문에, 경험이 쌓이다 보면 곧 적응합니다. '아, 언어 체계는 하나가 아니구나. 엄마 아빠가 이 언어도 쓰고 저 언어도 쓰는구나' 하고요.

처음에는 영어로 말하는 시간이 하루 10분에서 30분 정도 되었어요. 하루 중 내키는 때에 조금씩 실험하는 기분으로 영어로 말했죠. 저도 아이 앞에서 영어로 말하는 것에 편안해지고 익숙해질 시간이 필요했거든요.

처음엔 정말 무진장 어색했어요. 틀렸다고 지적하지 않을 18개월짜리 아기라서 그나마 용기내어 떠들 수 있었죠. 남편이 주변에 있을 때는 목소리가 한없이 작아졌어요.

그렇지만 하다 보니 점점 자신감이 생기더라고요. 왜냐하면, 다미가 제 말을 알아듣고 있다는 것, 성장하고 있다는 것이 느껴졌거든요. 제 입장에서는 작은 성공 경험을 만들어나가기 시작한 거예요. 예를 들어 이런 식이었죠.

엄마   (컵을 보여주며) Do you want some water?
물 마시고 싶어?

다미   끄덕끄덕

엄마   (컵에 물을 따라 건네주며) Here you are. Or Do you rather want milk?
여기 있어. 아니면 우유를 마시고 싶어?

다미   ?

엄마   Milk?
우유? (냉장고에서 우유를 꺼내 보여준다)

다미   끄덕끄덕

한국어의 도움을 받지 않고도 영어로 아이와 소통할 수 있다는 것이 정말 신기했고 뿌듯했어요. 그뿐 아니라 의식적으로 주의를 기울여보니 저와의 대화를 통해 아이가 영어를 습득하고 있다는 사실이 피부로 느껴졌어요.

앞과 같은 대화를 하고 나서 그다음 날에는 냉장고에서 우유를 꺼내 보여주지 않아도, "Do you want some milk?" 하면 알아듣고 고개를 끄덕였거든요. 아이가 영어를 이해했는지 실험해보려고 이때 우유가 아닌 물을 준 적이 있는데, 아이가 당황하며 고개를 도리도리했죠.

그 뒤로 다미와 영어로 말하는 시간을 조금씩 늘려나갔습니다. 오전 시간에 하루 1~2시간을 영어로 말하는 루틴을 지속했어요. 어린이집에 가는 날에는 아침 식사를 하고 실내 놀이를 한 후, 외출 준비를 하고 어린이집에 가는 길까지, 줄곧 영어로 말해주었어요.

엄마	It's okay. We're going to take that off anyway.
	(젖어도) 괜찮아. 어차피 벗을 거야.
엄마	You have to dry your face with towel.
	얼굴 닦자.
엄마	Let's pick clothes.
	옷 고르자.

이렇게 하면 집에서 매일 반복되는 일상뿐 아니라 다양한 실내

놀이 상황이나 어린이집 가는 길에 만나게 되는 여러 대상 혹은 상황에 대해서도 영어로 말해줄 수 있었습니다. 주말에는 아침 일찍 일어나서, 사람 없는 놀이터나 아파트 단지로 나가 조금 더 마음 편하게 영어로 말해주었죠.

엄마	다미 아저씨. **Are we there yet?** 아직 도착 안 했나요?
다미	**No.** 아직이요.
엄마	**Not yet? Okay, keep going.** 아직이요? 알겠어요. 계속 가주세요.

이 루틴을 지키는 것은 전혀 어렵지 않았습니다. 물론 여행을 간다거나 친정을 방문할 때는 1~2시간을 지키긴 어려웠어요. 하지만 그런 때에도 영어로 말해줄 기회는 무궁무진했습니다. 예를 들면 아무도 없는 화장실에서 "Let's wash your hands"라고 한마디라도 해줄 수 있었죠.

평소에는 그저 아침에 일어나, 늘 그렇듯 머릿속에서 영어 모드를 켜기만 하면 되었습니다. 잘 모르겠는 표현이 있으면 쉬운 말로 에둘러서 표현하거나, 필요할 때는 한국어를 사용하면 그만이죠.

어쩌다 새로운 영어 표현을 알게 되면 '한번 써봐야지!' 하고 메모해두었다가, 그 표현을 써야 하는 상황을 일부러 만들었습니다. 그렇게 써본 표현은 실제 경험 속에서 사용한 것이라 그런지, 영어 공부할 때보다 훨씬 더 기억에 잘 남았어요. 그래서 다음번에 비슷한 상황에서는 그 표현이 자동으로 나오더라고요.

그렇게 제 영어 실력도 성장하고, 아이에게 해주는 표현도 더 많아지고 다양해졌죠. 그에 따라 다미의 영어 실력도 성장했습니다.

지금 소개하는 영상은 바이링구얼 육아를 시작한 지 1년 정도 되었을 때, 즉 다미가 30개월 되었을 때의 영상입니다. 바로 이 무렵부터 아이가 영어 영상물을 조금씩 보기 시작했어요. 이 시점까지는 순수하게 일상 속 소통만으로 영어를 접했죠.

그런데 이 영상에서 다미가 제 영어에 반응하는 모습을 보면, 영어 이해력이 많이 성장한 것을 알 수 있어요. 그러니까 이 영상은 영상물 등 다른 도움 없이 소통만으로 영어를 습득한 바이링구얼 육아의 효과를 여실히 보여줍니다.

엄마   Where's the cap? Do you see the cap?

뚜껑 어딨어? 뚜껑 봤어?

다미   (손가락으로 욕조에 떠 있는 병뚜껑을 가리킨다)

엄마   *Can you catch it?*

        잡을 수 있어?

다미   아냐, 엄마가 잡아줘.

        (샤워기 물살에 병뚜껑이 밀려옴)

엄마   *It comes closer to Dami!*

        다미한테로 간다!

다미   (뚜껑을 잡는다)

        (생략)

        (문어에게 수프를 만들어주는 놀이 중)

엄마   *How do you think octopus like it? Can you ask the octopus if he really likes it?*

        문어가 좋아할까? 문어한테 좋은지 물어볼래?

다미   이거 좋아? *Octo…* 문어야?

엄마   (문어인 척) *I liked it so much, Dami.*

        아주 좋아, 다미.

바이링구얼 육아를 시작한 지 2년 반이 된 지금도, 오전에서 오후로 시간대가 바뀌기는 했지만 여전히 1~2시간씩 영어로 말을 해주고 있습니다. 딱히 부지런하지 않은 제가 2년 반 넘게 지속하고 있고,

앞으로도 쭉 아이와 일상을 함께 나누는 한 계속할 수 있다는 점이 바이링구얼 육아의 가장 좋은 점이 아닌가 싶어요.

일상에 녹아든 영어인 만큼, 아이와의 일상이 바뀌면 바뀌는 대로 영어의 모습도 변화하고 진화해나가겠죠. 다미가 18개월 때는 "물 마실래?", "테이블 닦는 거야?"와 같은 간단한 생활 영어만 했었어요. 다미의 언어 능력과 인지 능력이 성장하면서 유치원생이 된 후에는 '척추의 의미'와 같은 조금 더 어려운 주제에 대해서도 대화를 나눌 수 있게 되었고요. 최근에는 선물 받은 우주 관련된 책을 보면서 태양계에서 가장 좋아하는 행성이 뭔지에 대해 이야기해보기도 했답니다.(다미가 가장 좋아하는 행성은 Venus, 금성이랍니다. 금성을 둘러싼 금색 구름이 예쁘다네요.)

아이가 커가면서 영어로 더 다양한 주제에 대해 이야기도 해주고, 함께 읽기도 하고, 토론도 하면서 아이뿐 아니라 내 영어의 지평 또한 확장해나갈 수 있다고 생각하면 가슴이 설렙니다. 아이와 일대일로 이런 걸 해주는 학원이 있다면, 한 달에 얼마까지 지불할 것 같은가요? 바이링구얼 육아의 가치는 그 이상입니다.

바이링구얼인 아이는
이렇게 자랍니다

그런데, 아이가 어렸을 때 영어와 친해지게 하는 것이 꼭 필요한 걸까요? 커서 친해지면 안 되는 걸까요? 아니면 아예 안 친해지면 안 되나요? 우리 아이들이 어른이 되었을 때는, 이어폰 하나만 끼고 있으면 들리는 모든 영어가 한국어로 통역되는 기술이 나올지도 모르는데 말이에요.

물론 이 모든 것은 꼭 필요한 것은 아닙니다. 영어와 친해지기 프로젝트는 "꼭 해야 한다더라", "다른 애들도 다 하니까", "아니, 6개월밖에 안 됐는데 벌써 영어를 들려준다고? 우리 애는 18개월인데 아무것도 모르는데!"라는 조급함과 불안감으로 시작해서는 안 됩니다.

이처럼 부정적인 감정을 동력으로 시작한다면 아이도 부모도 온전히 즐기기 어렵습니다. 꼭 해야 한다고 믿는데 생각만큼 잘 안 되면 스트레스가 쌓입니다. 그 스트레스에서 벗어나기 위해 금방 포기하거나(이 경우는 차라리 낫습니다, 꼭 필요한 게 아니니까요), 마음에 드는 수준까지 해내기 위해 아이를 몰아붙이게 될 수 있어요.

혹은 뭔가 더 해보려고 하다가 영어 교육 회사들이 쳐놓은 마케팅의 덫에 걸릴 수도 있죠. 많은 기업이 이처럼 불안하고 조급한 부모들을 낚기 위한 덫을 인터넷 여기저기에 흩뿌려 놓았답니다.

어떤 육아 방식을 선택하든 긍정적인 마음이 기본값이면 좋겠습니다. 우리 아이가 뒤처질까봐, 나중에 부모를 원망할까봐, 이런 부정적인 마음이 아니라요. '난 우리 아이의 잠재력과 행복 가능성을 높여줄 수 있는 사람이 되고 싶어, 그리고 난 그렇게 할 수 있어, 이 과정에서 나도 아이도 성장할 수 있을 것 같아'라는 긍정적인 마음으로 시작하자는 거죠.

제가 '아이가 영어와 친해지게 해야겠다'고 마음먹은 계기가 있습니다. 아이가 18개월 되었을 때인데, 그때까지만 해도 제 육아 사전에 '외국어'란 존재하지 않는 단어였죠. 그러다가 콘텐츠 제작을 위해 바이링구얼리즘에 대해 리서치를 한 뒤 이런 생각이 들었습니다.

'어릴 때부터 여러 언어를 자연스럽게 접하게 해주는 게 아이의 자라나는 뇌에 영향을 주는구나! 신기한데? 한번 해보고 싶어!'

그건 순수한 호기심과 설렘, 기대감이었습니다. 이것도 해야 하고, 저것도 해야 하고, 단계별로 뭘 사야 하고, 파닉스는 뭐고, AR은 뭐고, 어떻게 하면 해리포터 원서 읽을 수준까지 가고…. 이런 압박감과 부담감은 없었어요. 왜냐하면 제 목표는 '아이의 영어 실력 높이기'가 아니었거든요.

외국어는 하나의 도구일 뿐이에요. 그래서 바이링구얼 육아의 핵심은 이른 시기에 높은 영어 실력을 쌓는 게 아니에요. 다미가 초등학교에 가서 영어 시험 점수를 형편없이 받아 오더라도 (약간 의아하기는 하겠으나) 상관없어요. 그게 바이링구얼 육아의 주요 목적이 아니니까요.

부모가 '아웃풋', 즉 아이의 영어 실력 향상만을 목표로 삼으면 비교와 경쟁, 불안과 조급함이라는 한국 교육의 가장 큰 단점을 가정으로 더 일찍 끌고 들어오는 것에 지나지 않습니다. 이른 시기의 영어 노출은 목표부터 달라야 해요.

공부가 아닌
'언어'로 영어를 처음 만나요

제 바이링구얼 육아의 목표는 2가지였습니다. 첫 번째는 영어와의 첫

만남을 '언어'로 만들어주는 것이었죠. 영어를 순수하게 언어의 관점에서 접근하는 해외의 바이링구얼리즘 관련 자료들을 읽으면서 저는 언어에 대해 더 깊이 생각하게 되었습니다. 많은 한국인이 그렇듯, 영어를 공부로 배운 제 머릿속에서는 '영어'와 '교육'이 단단히 결합되어 있었는데, 그 연결고리가 드디어 끊어진 것이죠.

언어는 소통의 도구였습니다. 그 언어를 사용하면서 경험하는 여러 감정이 투영되는 하나의 세계였어요.

영어 유치원에서 영어 울렁증을 키운 아이들의 사례에 대한 책,[1] 또 미국에 이민 간 러시아인 가정에서, 엄마가 타인 앞에서 러시아어로 아이에게 말을 거는 것을 꺼리고 영어로만 말하다 보니 아이가 '러시아어란 부끄러운 것이구나'라는 인식을 갖게 되었다는 이야기가 실린 책[2]을 읽으면서 생각했습니다.

'언어란 정서와 강력하게 연결되는구나. 실력의 문제를 떠나, 어떤 경험을 통해 언어를 익히는지도 중요하겠구나.'

영어로 말하지 않으면 눈총을 받거나 친구들에게서 소외되는 어린아이들은 마음속 영어의 방에 '두려움'과 '불안감'이라는 페인트를 칠했다고 할 수 있었어요. 엄마가 집 밖에만 나가면 아이에게 영어로 말을 건네는 걸 본 아이는, 러시아어의 방에 '수치심'이라는 페인트를 칠하고 있었고요.

그 방의 크기가 얼마인지는 상관없었습니다. 그 페인트가 칠해진 방에 아이들은 들어가고 싶지 않았거든요. 입을 닫아버리고, 그 언어를 사용하길 거부했던 거예요.

저는 다미와 영어로 소통을 하고 싶었습니다. 한국어와 마찬가지로, 행복하고 편안하고 따뜻한 소통의 경험이 다미의 마음속 '영어의 방'의 벽지가 되었으면 했어요. 그 방에 들어갈 때 다미의 감정이, 자연스럽고 편하길 바랐습니다. 그 첫걸음을 잘 뗄 수 있게 도와줄 수 있다면, 나중에 그 언어를 어떻게 고급 수준으로 올릴 것인지, 방을 어떻게 키울 것인지는 다미의 몫이에요.

두 번째는 이중언어 경험이 발달 중인 아이의 뇌에 주는 이득을 누리는 것이었습니다. 외국어 습득의 유리함보다 더 중요한 이런 이유 때문에 해외의 많은 부모가 바이링구얼 육아에 열광합니다. 두 언어에 노출되는 것이 아이의 매일 반복되는 일상에 특별함을 줄 수 있다는 사실, 알고 있나요? 이에 대해 자세히 살펴보겠습니다.

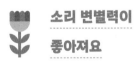

소리 변별력이 좋아져요

아기들은 심지어 태아일 때부터, 엄마가 말하는 언어를 들으면서 모국어의 강세나 리듬, 길이 등 음률적인 부분에 익숙해집니다. 그래서 다른 나라 아이들의 울음소리를 비교해보면 억양 등 소리적인 측면에서 약간 다르다고 해요.[3] 또 신생아조차 모국어와 외국어를 들었을 때 다른 반응을 보임으로써, 두 언어를 듣고 구분할 수 있다는 것을 알려준답니다.

특히 생후 1년이 되기 전의 아기들은 이 세상에 존재하는 모든 언어의 소리를 편견 없이 받아들일 수 있는 상태예요.(여기서 생후 1년은 10개월부터 18개월까지로, 연구를 진행한 학자마다 조금씩 차이가 있습니다.)

생후 1년 동안 아이들의 뇌는 모국어라는 시스템을 가장 잘 이해할 수 있도록 최적화되는 과정을 거칩니다. 선택과 집중을 함으로써 모국어를 가장 효율적으로 습득하고, 이를 발판으로 이 세상을 더 잘 배워나가기 위함이죠.

워싱턴 대학의 저명한 언어학자 패트리샤 쿨Patricia Kuhl 교수에 따르면, 이러한 '모국어 패치'는 주로 6개월에서 12개월 사이에 빠르게 일어난다고 합니다. 이 시기에 여러 언어에 자연스럽게 노출되는 과정에서 '외국어 패치' 또한 진행되죠.

쿨 교수와 연구팀은 이중언어학계에서 상당히 유명해진 연구를 진행했는데요.[4] 9개월 된 미국 아기들에게 5주 동안, 한번에 30분씩 12세션으로 나누어, 중국인과 중국어로 상호작용할 수 있는 시간을 주었어요. 그리고 이 아이들에게 중국어의 다양한 소리를 들려주고 구분할 수 있는지를 실험했죠.

그 결과 단 여섯 시간의 중국어 노출만으로, 태어나서부터 9개월까지 쭉 중국어에 노출되었던 아이들과 비교해도 떨어지지 않는 중국어 소리 구분 능력을 지니게 되었다고 합니다. 반면 이런 경험이 없었던 미국 아기들은, 영어에는 없는 중국어 고유의 소리들을 구분해내는 것을 더 어려워했어요.

연구팀은 여기에 하나의 조건을 더 추가했어요. 바로 대면 상호작용이 아닌, 중국인 사람이 중국어로 말하는 영상물을 아이에게 보여준 것입니다. 흥미롭게도, 녹화된 소리에 노출된 아이들은 중국어 소리 구분 능력을 발달시키지 못했습니다. 이 연구는, 아기가 어릴 때부터 외국어를 영상이나 음원으로 노출하더라도 해당 언어의 소리 정보를 뇌에 저장하지 못한다는 근거로 자주 인용됩니다.

아기들은 생후 1년 동안 말소리를 듣고 그 언어에서 자주 발음되는 소리에 대한 정보들을 뇌에 입력하면서 신경 네트워크를 형성하게 됩니다. 이 시기 동안 한국어에만 노출된 것과 영어나 중국어 등 다른 언어에도 잠깐이라도 노출된 것은 다른 결과를 가져오죠. 후자의 경우 아이는 "이 세상에는 한국어만 있는 게 아니구나!" 하는 사실을 알고, 다른 언어의 미세한 소리의 차이에도 귀를 기울일 준비를 더하게 될 것입니다.

그럼 만 1세가 지나면 외국어의 소리 구분 능력은 더 이상 발달하지 않을까요? 여기에 대한 근거는 아직 확실하지는 않습니다. 일단

기존의 입장을 보면, 배울 수는 있으나 만 1세 이전에 들어서 익힌 것과는 질적으로 다르다는 견해가 지배적입니다.

대표적으로 아동의 언어 습득을 연구하는 브리티시컬럼비아 대학의 재닛 베르커Janet Werker 교수는, 뇌과학적 근거들을 바탕으로 언어의 소리 구분에 대해 생물학적으로 입증된 결정적 시기는 존재하며, 이 시기를 지났을 때 뇌는 기존에 이미 구축한 모델의 안정성을 유지하기 위해 부단히 노력한다고 주장했습니다.[5]

베르커 교수는 결정적 시기가 닫히는 것을 '문을 잠그는 것'에 비유했는데요. 모국어만을 생후 1년 동안 들은 아이는 이 세계의 언어 모델을 모국어라는 틀을 통해 받아들일 준비를 하고, 문을 잠급니다. 이미 문을 잠그고 나면 모국어와 다른 체계의 외국어가 문을 계속 두드려도 쉽게 문을 열지 않죠.

생후 1년 전에는 이 문이 열려 있기 때문에, 앞서 중국어 노출 실험에서 살펴봤듯 아주 적은 노출만으로도 아이는 새로운 언어의 소리 시스템을 뇌에 저장할 수 있습니다. 그리고 생후 1년이 지난 후에는, 새로운 언어의 소리를 구분해내기 위해 단순한 노출 외에 다른 방식의 교육이나 타 국가에서 사는 등 환경 변화가 필요하다고 해요.

하지만 더 최근의 논문에서 아이오와 대학의 밥 머레이Bob Murray 교수는, 생후 1년 후의 아이들도 실험실이 아닌 일상에서 외국어에 충분히 노출되었을 때 소리 구분 능력이 커질 수 있다는 연구가 부족하다는 점을 지적했어요. 그리고 소리 관련 외국어 실력 또한 꾸준히 발달할 수 있다는 견해를 펼치기도 했습니다.[6]

이는 생후 1년 동안 '잠긴 문'을 다시 열 수 있다는 뜻일 수도 있겠고, 또 다른 문을 통해 외국어의 소리를 능숙하게 구분할 수 있다는 뜻일 수도 있겠죠. 아직 근거는 부족합니다.

어쨌든 기존의 연구들은 발음의 경우 만 6세 정도, 발음을 제외하고 한 외국어를 능숙하게 구사하는 능력은 만 10~12세 정도 이전에 시작하기만 하면 괜찮다고 말합니다.[7] 그러니 돌 이전에 외국어에 노출되면 아이에게 작으나마 이점을 줄 수 있고요. 돌이 지났다고 해서 너무 절망할 필요는 없다는 정도로 결론내릴 수 있어요.

실행 기능이 향상돼요

실행 기능Executive functions이란, 어떤 목표를 위해 적용해야 할 룰을 기억하거나 바꾸고 충동을 억제할 수 있는 고등 인지 능력을 뜻합니다. 실행 기능이 뛰어난 아이는 단순히 IQ가 높고 똑똑한 아이보다 더 학업적 성취나 직업적 성공을 누릴 가능성이 높다는 것이 여러 장기 추적 연구를 통해 알려진 바 있어요.

공부를 잘하는 아이들을 보면 암기를 잘한다거나 이해력이 빠르다기보다는, 딴짓을 하고 싶은 충동을 잘 참아내고 목표를 잘 기억하면서 원하는 곳에 집중하는 실행 기능이 뛰어난 경우가 많아요.

바이링구얼인 아이들은 두 언어를 왔다 갔다 하면서 상황에 맞게 룰을 바꾸거나, 특정 언어 시스템을 의도적으로 억제하거나, 하나의 표현을 한 언어에서 다른 언어로 바꿔보는 연습을 생활에서 상시로 하게 됩니다. 그 결과 전반적인 실행 기능이 약간이지만 좋아진다는 연구 결과들이 계속해서 보고되어왔어요.[8]

사실 이 주제는 학계에서 아직까지도 논란이 있는 주제로, 상당한 수의 메타 분석 연구(여러 선행 연구를 종합적으로 살펴보는 연구)들이 나왔으나, 여전히 의견이 분분합니다. 실행 기능을 키우는 데 이점이 없다고 주장하는 학자들도 있고요.[9]

다만 더 최근에는 뇌영상 촬영 등 신경과학적인 측면에서 살펴보는 연구도 상당히 나오고 있는데요. 바이링구얼인 아이들이 모노링구얼인 아이들보다 더 우수하냐 아니냐는 판단하기 어렵습니다. 하지만 바이링구얼 아이들과 모노링구얼 아이들이 언어 관련된 뇌가 작동하는 방식 자체가 '다르다'는 근거가 많이 나오고 있습니다.[10]

바이링구얼인 아이들과 모노링구얼인 아이들의 뇌가 작동하는 방식이 다르다? 이건 무슨 뜻일까요?

〈발달 과학Developmental science〉지에 실린 한 논문에서는 이런 실험을 했습니다.[11] 11개월 된 바이링구얼 환경에서 자란 아이들과, 모노링구얼 환경에서 자란 아이들에게 언어를 들려줄 때 뇌의 활성화되는 부위를 비교해서 살펴본 거예요. 그 결과, 바이링구얼 환경에서 자란 아이들의 경우, 실행 기능을 담당한다고 알려진 전전두엽과 안와전두피질이 더 활성화되는 모습을 보였다고 합니다.

아마도 바이링구얼인 아이들은 어떤 언어의 입력이 들어오면, "이건 무슨 언어지?" 하고 해당 언어를 파악하는 데 더 주의를 기울이고요. 즉각 그 언어 '모드'를 켜는 등 실행 기능과 관련된 뇌 활동을 하는 것이겠죠. 뇌는 근육과 비슷합니다. 특정 뇌 활동을 많이 할수록 뉴런 간 연결이 더 튼튼해지고 기능이 강화되죠.

또 〈응용언어심리학Applied Psycholinguistics〉지에 실린 한 연구에 따르면, 바이링구얼 환경인 가정 내에서, 두 언어를 모두 이해하지 못하는 사람이 있어서 통역사language broker의 역할을 해야 하는 아이들의 경우 실행 기능이 더 유의미하게 높게 나타나는 경향이 관찰되었어요.[12]

통역을 할 때는 더욱더 두 언어를 왔다 갔다 해야 하고, 인지적인 부담이 더 큽니다. 동시 통역이라는 건 뇌가 아주 피곤해지는 일인 것이죠. 이렇게 더 어렵고 부담스러운 언어 환경에서 아이들은 뇌를 풀가동하게 되고, 실행 기능을 연습할 수밖에 없습니다.

예를 들어 다미와 대화할 때 저는 영어로 말을 건넵니다. 그러면 다미는 영어를 듣고 한국어로 대답하죠. 영어로 말해보면서 영어 수준이 더욱 향상될 수 있기에, 아이가 영어로 말도 했으면, 하는 마음이 들 수 있어요. 그러나 다미에게 한국어가 훨씬 편하기에 한국어로 말하는 게 당연한 현상이기도 하고요. 또 다미가 영어를 듣고 한국어로 대응하는 상황 역시 인지 발달 측면에서 장점이 있다고 생각해요.

예를 들어볼게요. "잘 잤어?", "응" 하는 대화도 있지만, "잘 잤어?", "잘 잤냐고? 아니, 잘 못 잔 것 같아"라는 대화도 있죠. 두 번째 대화에서는 상대방의 말을 받아서 다시 한번 자신의 말로 표현하는 과정이 뒤따릅니다.

여기서 질문을 영어로 바꿔볼까요?

"Did you sleep well?"

"잘 잤냐고? 아니, 잘 못 잔 것 같아."

이 대화에서는 영어 질문을 한국어로 번역해서 되물은 후 이어서 대답했죠. 앞서 언급한 통역 작업이 약간 들어간 거예요.

이 현상에 대해 하루 동안 특별히 주의를 기울여서 의식해보았는데, 다미와 나누는 대화 중에서 이렇게 내 말을 다미가 해석해서 반복해 말하는 일이 상당히 많았습니다. 이 경험이 다미의 실행 기능 향상에 의미가 있지 않을까 싶어요. 물론 이건 연구된 주제는 아니기에 제 추측일 뿐이지만요.(언젠가 연구 주제로 삼아 한번 연구해보고 싶네요.)

정리하면, 모노링구얼의 뇌는 들리는 언어가 모국어일 거라고 가정하므로 좀 더 편하게 모국어 모드를 유지하고 있으면 돼요. 반면 바이링구얼이나 멀티링구얼의 뇌는 언제 어떤 언어가 들려올지 모르기 때문에 좀 더 불편한 상태에 있죠. 어떤 언어를 들었을 때 인지 기능을 동원하여 '이게 무슨 언어인가'를 재빨리 판별하고, 두 언어의 스위치를 껐다 켰다 하는 과정이 추가되고요.

그래서 두 언어 혹은 세 언어에 노출되는 건 한 언어를 사용하는 것보다 분명 불편합니다. 그러나 어릴 때부터 이런 훈련을 지속적으로 하면 근육이 길러지듯 실행 기능과 관련된 뇌의 영역도 더 튼튼해질 수 있다고 설명할 수 있습니다. 여러 언어로 인해 아이가 혼란을 겪는다기보다는 뇌 훈련의 기회를 갖는다고 관점을 전환해보면 어떨까요?

사회성이 좋아져요

사회성이 좋으려면 상대방 입장에서 생각해보는 역지사지 능력이 있어야 하죠. '상대방은 어떤 생각을 하고 있을까'를 파악하고 공감하는 정신적인 능력을 심리학에서는 '마음 이론Theory of Mind'이라고 부릅니다. 그런데 바이링구얼 환경에서 자란 아이들은 상대방의 생각을 파악하는 능력과 공감 능력이 더 뛰어나다는 연구 결과가 많이 나와 있

습니다.[13]

대표적으로 시카고 대학 연구진이 진행한 한 연구에서는 4~6세 아이들을 대상으로 이런 흥미로운 실험을 했습니다.[14] 3층짜리 책장이 있는데, 3층은 중간에 칸막이가 있고 2층, 1층은 중간에 칸막이가 없습니다. 각 층에는 빨간색 자동차가 놓여 있어요. 3층에 놓인 자동차는 칸막이 안쪽에 있어서, 안쪽에 서 있는 아이만 이 자동차를 볼 수 있죠. 반대편에 서 있는 어른은 볼 수 없어요.

3층의 자동차가 제일 작고, 2층의 자동차가 중간 크기, 그리고 1층의 자동차가 가장 큽니다.

이 상황에서 아이에게 묻습니다.

"가장 작은 자동차를 다른 칸으로 옮겨줄래?"

어른의 입장에서 생각할 줄 아는 아이라면 어떻게 할까요? 아마 2층의 자동차를 옮기겠죠. 그러나 어른의 입장에서 생각할 줄 모르는 아이라면 3층의 자동차를 옮길 거예요. 자기가 보기에 그게 제일 작으니까요.

이 과제의 성공률은 바이링구얼 아이들에게서 유의미하게 높았다고 합니다. 왜 바이링구얼인 아이들이 역지사지를 더 잘하고, 사회성이 더 좋을까요?

헝가리의 언어학자인 레베카 야보르Rebecca Javor 박사는 바이링구얼리즘과 사회성에 대해 정리한 한 논문에서 이렇게 설명합니다.[15]

　　바이링구얼인 아이들은 모노링구얼인 아이들과는 달리, 어떤 사람들은 자신의 두 언어 중 한 언어를 잘 이해하지 못할 수 있다는 경험을 하게 됩니다. 그래서 상대방에게 말을 할 때, 먼저 상대방의 언어 지식에 주의를 기울여야 해요. '이 사람은 내 말을 알아들을까?' 하는 추측을 하면서, 상대방의 입장에서 생각해보는 연습을 하게 된다는 것입니다. 한국어만 하는 할머니에게 영어로 말했다가는 원하는 아이스크림을 얻지 못할 수도 있으니까요.

　　또 바이링구얼인 아이들은 '자신이 편한 언어'로 말하기보다 '상대방이 알아들을 수 있는 언어'로 대답해야 해요. 자신의 특정 언어에 대한 지식을 억누르고 성공적인 커뮤니케이션을 위해 상대방을 먼저 생각해야 한다는 것이죠. 아주 어릴 때부터 이런 경험을 하면서 바이링구얼인 아이들은 상대방을 더 이해하고 공감해보려는 노력을 하게 됩니다.

바이링구얼인 환경에서 아이를 키우다 보면 이런 일은 비일비재하게 일어납니다. 제 딸 다미는 물론 한국어가 훨씬 편하고, 주로 한국어로 말하지만, 가끔 어떤 말들은 영어로 하기도 하는데요. 할아버지, 할머니 앞에서 이런 말들을 하면 할아버지, 할머니가 잘 알아듣지 못한다는 것을 알고 있습니다. 그래서 영어가 먼저 튀어나왔다가도 한국어로 바꾸어서 말하곤 해요.

더 어릴 때는 영어 그림책을 할아버지 할머니께 읽어달라며 내밀기도 했지만, 더 이상 영어 그림책은 내밀지 않아요. 오히려 "내가 읽어줄게" 하며 읽어주는 척을 하기도 합니다. 상대방의 입장에서 생각할 수 있게 된 거죠.

비슷한 맥락으로, 바이링구얼 육아를 하든 안 하든, 아이와 어릴 때 해외여행을 가는 것은 언어적인 측면에서도 좋은 교육이 된다고 생각해요. 자신의 한국어를 알아듣지 못하는 사람들이 이 세상에 있다는 것, 그 사람들에게 인사를 건네려면 내가 편한 한국어가 아닌, 그들이 편한 언어로 건네야 한다는 것을 몸소 경험하게 되니까요.

실제로 다미가 세 돌쯤 되었을 때 베트남으로 여행을 갔는데요. 다미는 "베트남 사람들은 한국어를 못해?" 하고 몇 번이고 물어보며, 내가 가르쳐준 베트남어로 인사를 건넸죠. 한국인도 베트남인도 아닌 것 같은 외국인을 보면 "저 사람한테는 무슨 말로 인사해야 해?"라고 물었고요. 그런 다미를 보면서 여러 언어를 경험하는 게 색다른 공부가 된다는 생각을 했습니다.

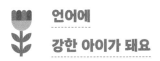

언어에
강한 아이가 돼요

바이링구얼 환경에서 자란 아이들은 나중에 또다른 외국어를 습득할 때 더 유리하다는 연구 결과들이 있습니다. 바이링구얼인 아이들은 모노링구얼인 아이들에 비해, 낯선 언어의 단어를 가르쳐줬을 때 더 잘 습득해요.[16]

특히 어릴 때 바이링구얼이 된 아이들일수록 외국어 단어 습득 능력이 더 뛰어났다는 연구 결과가 있는데요.[17] 사람의 뇌는 어린 시절부터 주어진 환경의 패턴에 맞게 다음 상황을 예측하는 방식을 구축해나가게 됩니다. 상황을 예측하지 않고 모든 자극을 하나하나 다 받아들여 처리하려면 에너지 소모가 너무 크기 때문이죠. 그래서 어떤 과학자들은 '예측하는 뇌predictive brain'라는 용어를 사용하기도 합니다.

언어의 경우에도 마찬가지로, 아이들은 어릴 때부터 한 언어에만 쭉 노출되느냐, 여러 언어에 노출되느냐에 따라서 뇌가 예측하는 방식이 달라집니다.

한 언어에만 노출된 아이들의 뇌는, 어떤 물체의 이름이 A라면 그게 동시에 B는 아닐 거라고 더 강하게 예측해요. 예를 들어 물은 항상 '물'이었기 때문에, 하나의 이름만이 존재할 거라고 생각하는 거죠. 이를 '상호 배타성mutual exclusivity'이라고 합니다. 모노링구얼인 아이들은 단어를 습득할 때, 주변 맥락이나 힌트들을 활용하지만 이 원리도 함께 활용해요.

반면 두 언어에 노출된 아이들의 뇌는, 어떤 물체의 이름이 A라고 해도 B일 수도 있다고 예측하게 됩니다. 물은 '물'이기도 하지만 'water'이기도 하다는 걸 경험했으니까요. 그래서 이런 아이들은 '하나의 대상에 여러 라벨이 있을 수도 있어'라는 방식으로 예측하게 됩니다.

그래서 바이링구얼인 아이들은 상호 배타성의 원리는 덜 사용하지만, 단어를 습득할 때 다른 힌트들에 더 주의를 기울이며 학습하는 방식으로 단어 습득의 효율성을 채운다는 보고가 있습니다.[18]

예를 들어볼게요. 모노링구얼인 아이들에게 눈앞에 사과와 오렌지를 놓고 "바바, 물라"라며, 전혀 모르는 새로운 언어로 느껴지는 단어를 말해줍니다. 왼쪽 물체의 이름이 '바바'라고 예측할 수 있는 힌트를 접수하면, 모노링구얼인 아이들은 큰 망설임 없이 오른쪽 물체의 이름이 '물라'라고 결정을 내려요.

반면 바이링구얼인 아이들은 왼쪽 물체의 이름이 '바바'라고 해도, 그게 또한 '물라'일 수도 있다고 생각할 여지가 좀 더 큽니다. '바바'와 '물라'의 소리적 특성이 다르면 다를수록, 한 단어를 표현하는 두 다른 언어의 라벨일 수도 있기 때문에 더욱 그렇게 예측할 가능성이 커지죠. 그러면 아이는 이제 "바바"나 "물라"라고 말할 때 상대방의 시선이나 가리키는 손가락, 소리 차이 등에 더 주의를 기울일 거예요.

어릴 때부터 여러 언어가 존재한다는 것을 알게 된 아이들은 어떤 언어를 대할 때 그걸 당연하게 받아들이지 않아요. 언어 안에 머무르지 않고 그 언어의 바깥에서 해당 언어의 특징이나 구조, 발음 등을 민감하게 인지할 수 있게 됩니다.

이를 '메타언어 인지Metalinguistic awareness'라고 합니다. 메타언어 인지 능력이 뛰어난 아이들은 전반적으로 새로운 언어를 더 능숙하게 받아들일 수 있게 되는 것이죠. 즉 글로벌 시대에 환영받을 '언어가 강한 아이'가 될 수 있을 거예요.

챗GPT를 활용해 언어를 아주 효율적으로 습득할 수 있게 된 오늘날, 옛날엔 TV에 나올 정도의 일이었던 4개국어, 5개국어 활용도 놀라운 일은 아닐 겁니다.

이에 더해, 바이링구얼인 아이들은 자기가 알고 있는 두 언어뿐 아니라 처음 듣는 낯선 언어의 발음 구분도 더 잘한다고 해요.[19] 또한 한 번 보거나 듣고 기억할 수 있는 단어의 길이도 더 길어서 새로운 언어 습득에 유리하다고 하는 연구 결과도 있습니다.[20] 이는 앞서 설명한, 어릴 때부터 소리 변별력이 길러진다는 점, 그리고 실행 기능이 좋아진다는 점과도 맞닿아 있죠.

다르게 생각하는
힘을 길러요

다양한 언어를 배우는 것은 다양한 사고방식과 능력을 아우르는 사람으로 성장하는 발판이 됩니다. 저명한 심리학자 앨리슨 고프닉Alison Gopnik 교수와 최순자 박사는 이런 연구 결과를 발표한 바 있습니다.[21] 한국 아기들은 도구를 이용해서 '실행하는' 과제를 더 잘해내고, 미국 아기들은 여러 물체를 카테고리에 맞게 '분류하는' 과제를 더 잘해내는데, 이러한 차이가 한국어와 영어의 언어적 차이에 기인한다는 것입니다.

좀 더 구체적으로 살펴볼까요? 한국어는 문장이 주로 동사로 끝나고, 영어는 주로 명사로 끝나는 경향이 있습니다.

(동사)
나는 학교에 간다.

(명사)
I go to School.

사람은 정보를 받아들일 때 처음과 끝에 집중하는 경향이 있다고 해요. 한 시간짜리 강의를 듣고 난 후 맨 앞과 맨 뒷부분만 기억났던 경험, 다들 있을 거예요. 같은 이유로 한국 아기들과 미국 아기들을 비교해봤더니, 한국 아기들은 동사를 더 잘 습득하고 미국 아기들은 명사를 더 잘 습득했다고 합니다.

서로 다른 두 언어 체계는 사고하는 방식이나 특정 능력에도 영향을 줄 수 있다고 합니다. 동사 위주의 사고방식과 명사 위주의 사고방식에 차이가 있다는 것이죠.

미국 미시간 대학교의 심리학자인 리처드 니스벳Richard E. Nisbett 교수의 저서 『생각의 지도』에서는 동양인들은 관계를 중심으로 사고하는 데 능숙하고, 서양인들은 범주(카테고리)를 중심으로 사고하는 데 능숙하다고 했습니다.[22] 예를 들어 "소"를 듣고 생각나는 단어를 말해보라고 하면 한국인은 소와 관계 있는 "외양간", "밭", "우유" 같은 것을 말합니다. 그에 비해 미국인은 소와 같은 범주에 속하는 "말", "개", "돼지" 같은 것을 말한다는 것이죠. 그리고 이러한 사고방식의 차이는 언어적인 차이에 기인하는 부분이 있다고 합니다.

어떤 사고방식이 더 좋다고 말할 수는 없겠으나, 다양한 언어를 배울 때의 이점이 단순히 언어에만 국한되지 않는다는 것을 알 수 있습니다. 다양한 언어 환경에서 자란 아이들은 더 다양한 범위의 인지능력을 아우르는 사람으로 성장하게 될 거예요.

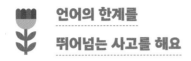

언어의 한계를
뛰어넘는 사고를 해요

사물의 이름은 특정 대상에 붙여진 라벨, 혹은 사람들이 그렇게 부르기로 합의한 약속에 불과해요. 어릴 때부터 여러 언어를 접한 아이들은 이 사실을 더 잘 이해할 수 있죠.

이중언어학자이자 성공적으로 멀티링구얼 자녀들을 키운 콜린 베이커Colin Baker 박사에 따르면, 바이링구얼인 아이들은 어떤 물체나 아이디어, 개념, 의미, 생각 등을 언어와 분리해서 그 자체로 바라볼 수 있는 독특한 힘을 갖게 된다고 합니다.[23]

더 나아가 바이링구얼인 아이들은 하나의 이슈나 문제를 여러 언어의 측면에서 바라볼 수 있어요. 언어는 사고를 한계 짓기 쉬워요. 어떤 문제에 대해 한국어로 고민해볼 때와 영어로 고민해볼 때 사고가 도달할 수 있는 범위는 다를 수 있죠.

제가 즐겨 보는 〈테드 토크TED TALK〉의 한 에피소드가 떠오르네요. 어떤 독일인 학생이 처음에 영어의 'Fall in love(사랑에 빠지다)'라는 표현을 들었을 때, 큰 충격을 받았답니다. 자신은 이때까지 사랑은 갑자기 푹 빠지는 것이라기보다, 천천히 스며드는 것이라고만 생각해왔다는 거예요. 독일어에서는 사랑에 관해 'Fall(빠지다)'라는 표현을 쓰지 않는 모양이죠. 그리고 보니 영어와 한국어 모두 사랑에 '빠지다'라는 표현을 쓰는 게 독특하네요.

그 독일인 학생은 그 날 이후로 사랑에 대해 조금 다르게 생각하게 되었다고 합니다. 어쩌면 그 학생은 예전에는 아직 잘 모르는 사람에게는 쉽게 마음을 주지 않았다면, 그 이후로는 잘 모르는 사람에게 느끼는 이끌림에도 좀 더 열린 태도를 취했을지 모릅니다.

그뿐 아니라, 언어는 타 언어권의 문화에 도달하는 창구로 작용하기도 합니다. 예를 들면 영어를 이해할 수 있기 때문에 영어로 된 문화 콘텐츠를 즐길 수 있고, 영어권 국가에 가서 직장 생활도 해볼 수 있죠. 여행을 가도 현지인들과도 더 농도 깊게 소통할 수 있고요. 이 과정에서 2차적인 사고의 확장이 일어날 수도 있을 거예요.

더 유연하고 창의적으로 생각해요

바이링구얼인 아이들일수록 더 창의적이고 상상력이 풍부하다는 사실을 증명하는 여러 연구 결과가 있습니다.[24] 하나의 물체나 아이디어에 대해 '당연히' 하나의 단어가 아닌 여러 개의 단어가 존재할 수 있다는 것을 인지하는 아이들일수록 더 유연하고 다양한 사고를 하게 되는 경향이 있다는 것이죠.

또한 바이링구얼인 아이들은 더 개방적인 사고방식, 즉 '오픈 마인드'인 경향이 있다고 해요. 새롭고 다양한 아이디어를 내놓을 수 있을 뿐 아니라, 자신과 다른 의견도 더 잘 수용할 수 있다는 뜻이죠.

'애매모호함의 수용Tolerance of ambiguity'이라는 척도가 있는데요. 어떤 사람이 불확실성이나 예측 불가능성, 충돌하는 가치들 사이에서 선택해야 하는 상황에 대해 얼마나 덜 불편해하는지를 나타내는 척도입니다. 이 척도가 높은 사람들은 오픈 마인드인 경향이 있어요.

일반적으로 아직 어린 아이들은 이 척도가 낮습니다. 아이들은 반복적인 루틴, 질서, 예측 가능성이 보장되지 않으면 안정감을 느끼지 못하고 불편해합니다. 주 양육자가 자주 바뀐다거나, 어릴 때 이사를 너무 자주 다닌다거나, 잠자는 시간이나 밥 먹는 시간이 매일 일정하지 않다거나 하는 등의 불안정한 생활 패턴이 아이의 발달에 나쁘다는 것은 이미 밝혀진 사실이에요.

성인들은 이 척도가 좀 더 높기도 하고 낮기도 합니다. 어떤 사람들은 해외여행을 가서도 꼭 한식만 먹어야 하고, 어떤 사람들은 새로운 음식이나 문화를 적극적으로 탐구하기도 하죠.

어떤 사람들은 몇 년마다 한 번씩 해외로 이사를 다녀야 하는 외교관들의 삶에 대해 '부럽다'고 하는 반면, 어떤 사람들은 '어떻게 그렇게 사느냐'고 합니다. 자신과 다른 의견을 가진 사람 '각자 다른 상태로 공존할 수 있다'고 인정하는 사람도 있는가 하면, 의견의 다름을 영 불편해하는 사람도 있죠.

콜린 베이커 교수에 따르면, 바이링구얼과 모노링구얼, 그리고 멀티링구얼 아이들의 애매모호함의 수용 척도를 비교한 연구 결과, '멀티링구얼 〉 바이링구얼 〉 모노링구얼' 순이었다고 합니다. 구사하는 언어가 많을수록 더 오픈 마인드라는 의미죠.

물론 언어보다는 문화적인 영향이 아닐까 의심해볼 수도 있어요. 바이링구얼이나 멀티링구얼인 아이들은 더 글로벌한 환경에서 살아가는 경우가 많으니까요. 또한 다양한 언어를 구사할수록 오픈 마인드가 되는 게 아니라, 애초에 오픈 마인드인 사람들이 해외 유학을 가거나 이민을 가서, 바이링구얼 가정을 구성하는 경향이 있다는 생각도 해볼 수 있죠.

물론 이런 영향도 있을 거예요. 하지만 콜린 베이커 교수는 '그렇다고 할지라도, 데이터 분석 결과를 살펴보면 언어가 오픈 마인드 성향에 미치는 영향은 분명히 있다'고 결론 내렸습니다.[25]

어떠신가요? 이제까지 주변에서 다들 하니까, 혹은 나보다 영어를 잘했으면, 하는 막연한 마음으로만 영어 노출에 관심을 가졌던 분들도 있을 것입니다. 불안감과 조급함, 내 개인 경험에 기반한 욕망 등이 어느 정도 개입된 관심이죠. 그러나 이런 부정적인 감정보다는 긍정적인 감정을 기반으로 아이의 언어 계획을 세웠으면 좋겠습니다. 아이가 앞으로 사회에서 더 큰 잠재력을 펼칠 수 있는 기반을 만들어줄 좋은 기회에 대해 알게 되었다는, 희망찬 마음과 열정 말이에요.

그런데 앞서 언급한 모든 장점은, 두 언어 모두에 상당히 높은 비중으로 노출되게 되는, 바이링구얼 환경에 처한 아이들에 대한 것입니다. 그러니 한국에서처럼, 한국어가 주가 되고 영어 노출은 훨씬 적은 환경이라면 별 의미 없는 것 아닌가요? 이런 의심이 들 수도 있을 것 같아요. 또 부모가 아무리 노력한들, 한국에 살면서, 아이가 두 언어로 자유롭게 사고할 수 있을 만큼 각 언어가 능숙한 수준에 다다르게 할 수 있을까? 우리와는 다소 동떨어진 이야기 아닌가, 하는 생각을 할 수도 있고요.

하지만 그런 걱정은 접어두세요. 아이에게 완벽한 바이링구얼 환경을 만들어주는 것이 우리의 목표는 아니거든요. 우리는 아이를 두 언어로 자유자재로 사고하도록 '만들어줄 수' 없어요. 그 수준까지는 아이가 본인의 노력을 투여해서 천천히 도달해나가야 하죠. 이건 평생 걸리는 일입니다. 하지만 우리는 아이의 가능성을 높여주고, 더 자신감 있게 영어를 사용해볼 수 있게 디딤대를 초반에 마련해줄 수 있습니다. 어릴 때의 바이링구얼 육아 경험은 분명, 아이가 언젠가 영어를 더 적극적으로 사용하고 싶어하는 상황에 처했을 때, 매우 소중한 자산이 될 거예요. 아이가 향후 노력으로, 두 언어를 자유자재로 사용할 수 있는 더 높은 수준의 바이링구얼이 될 가능성은, 바이링구얼 육아를 받지 않았을 때에 비해 두 배, 세 배 높아질 거고요.

게다가 한 언어에 훨씬 적게 노출되는 경우에도 앞서 언급한 긍정적인 효과들이 있다는 점을 시사하는 연구들이 있습니다.

영국 켄트 대학의 글로리아 카모로Gloria Chamorro 박사는 이런 연구를 했습니다.[26] 생후 쭉 영어에만 노출되었던 영어권 모노링구얼 아이들이, 초등학교 1학년 때부터 세 종류의 교육기관에 1년간 다닌 후에 실행 기능과 사회성을 비교했어요.

첫 번째는 영어로만 교육하는 학교, 두 번째는 영어와 스페인어의 비율이 40대 60인 바이링구얼 학교, 세 번째는 영어와 스페인어의 비율이 30대 70인 학교였죠. 1년 뒤 이 아이들의 실행 기능과 사회성을 비교해보니, 세 번째, 두 번째, 첫 번째 순으로 실행 기능과 사회성이 더 뛰어났다고 합니다. 즉 일반 모노링구얼 환경에서 쭉 자란 아이들이 하루 3~4시간 정도 스페인어로 진행되는 수업을 듣는 것만으로, 바이링구얼리즘의 이점을 어느 정도 향유할 수 있었다는 것이죠.

또 응용심리언어학지에 실린 한 연구에서는[27] 영어권 모노링구얼인 초등학교 1학년들을, 일주일에 한 시간씩 이탈리아어 수업을 들은 아이들과 영어로만 수업을 들은 아이들로 나누었어요.

6개월 뒤 이 아이들을 비교해보니, 이탈리아어 수업을 들었던 아이들이 영어 수업만 들은 아이들에 비해 언어에 대한 메타언어 인지 감각이 더 뛰어났고, 이는 더 높은 읽기 실력으로 이어졌다고 합니다.

물론 이는 완벽히 한국의 부모들이 처한 상황에 들어맞는 연구 결과들은 아닙니다. 하지만 우리가 생각하는 '자연스럽고 완전한' 바이링구얼 환경이 아니더라도, 외국어에 적당히 노출되는 것만으로도 '바이링구얼 어드밴티지'를 어느 정도 향유하게 된다는 것을 알 수 있습니다.

바이링구얼 육아의
성공률이 가장 높은 7가지 이유

이쯤 되면 아마도, '아이가 영어와 친해지게 도와주고 싶다'는 마음이 조금은 더 구체적인 형태를 갖게 되었을 것 같습니다. 다음 단계로, "어떻게 하면 되나요?"라는 질문이 혀 끝을 맴돌죠.

육아, 교육 관련 유튜브를 하다 보니 주변에서 '아이 영어 교육은 어떻게 하시냐'라는 질문을 종종 받습니다. 제가 쓰는 방법을 적극적으로 추천하기는 조금 조심스러워서, "저는 그냥 할 수 있는 만큼 영어로 말해줘요"라고 말하곤 하는데, 그러면 보통 "아~ 영어를 잘하셔서 좋겠다" 하는 반응이 돌아오고, 이야기는 영어 전집이나 DVD, 영어 유치원 같은 방향으로 흘러가곤 해요.

'아이가 영어와 친해지게 도와준다'고 결심했을 때 택할 수 있는 방법은 많습니다. 영어 그림책 읽기, 영어 영상 보여주기, 방문 선생님 부르기, 영어 유치원 보내기, 화상 영어 수업, 베이킹이나 미술 등 영어로 진행되는 클래스에 참여하기, 영어 키즈카페, 외국에서 살기, 영어 캠프 보내기, 영어로 보드게임하기, 태블릿 교육 등등. 바이링구얼 육아는 이러한 방법론들 중 하나예요.

어떤 영어 노출 방법이든 나름의 효과는 있을 수 있습니다. 하지만 언어의 본질을 고려하지 않고 접근한다면, '영어 실력 향상'이라는 효과에 가려지는 다른 부작용들을 간과하는 경우도 상당하며, 실패 가능성도 높아져요.

언어라는 본질을 놓고 보면, 바이링구얼 육아가 가장 성공 가능성이 높은 방식임은 분명합니다. 그 7가지 이유에 대해 알아보겠습니다.

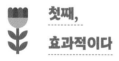

첫째,
효과적이다

바이링구얼 육아가 가장 성공 가능성이 높은 첫 번째 이유는 가장 효과적이기 때문입니다. 효과가 적으면 꾸준히 하기 어렵습니다. 헬스장에서 두 달을 죽어라 뛰었는데 몸무게가 0.2kg밖에 안 빠졌다면 '에라, 뭔 의미냐' 하고 포기하기 쉽죠.

바이링구얼 육아가 가장 효과적인 이유는, 다른 방식들과 비교했을 때 압도적인 입력(인풋)의 차이 때문입니다. 영어는 언어입니다. 자연스러운 방식의 언어 습득에 가장 중요한 것은 많은 양의 데이터를 입력하는 것이에요. 아이들은 모국어를 이해하고 말하게 되기까지 부모로부터 정말 많은 양의 모국어 데이터를 입력받아야 합니다. 수많은 데이터들 속에서, 그 언어의 패턴와 규칙을 자연스럽게 익히게 되는 거예요.

저희 집은 애플 카플레이를 차에 연결해서 쓰는데요. 카카오톡이 오면 내용을 읽어주는 기능이 있습니다. 꽤나 사람답게 읽어주죠. 반면 옛날 피쳐폰을 사용하던 시절에도 문자를 읽어주는 기능이 있었는데, "지금 어디야?"라는 문자가 오면, "지, 금, 어, 디, 야"라고 띄엄띄엄 읽어 주는 식이어서 아무짝에도 쓸모가 없었습니다.

기계 엔진의 성능이 이렇게 발전해서 사람처럼 읽어줄 수 있게 되고, 음성으로 명령을 내려도 의미를 파악해서 어떤 기능을 실행하거나 번역도 척척 해낼 수 있게 된 결정적인 이유는 바로 엄청난 양의 데이터 때문입니다. 스마트폰 시대가 도래하면서 너무나 많은 언어적인 데이터가 발생했고, 기계가 이 데이터들을 양분 삼아, 아직 사람만큼은 아니지만 상당히 능숙하게 언어를 이해하고 만들어낼 수 있게 되었어요. 인공지능 시대가 본격적으로 시작된 것이죠.

다시 바이링구얼 육아 이야기로 돌아오면, 영어를 자연스럽게 습득하기 위해서도 마찬가지로, 많은 양의 영어 '입력'이 필요합니다. 영어를 많이 '들어야' 한다는 것이죠. 기존의 한국 영어 교육 방식이, 진정으로 영어를 할 줄 아는 사람을 만들어내지 못한 이유 중 하나는 영어를 아이들에게 충분히 들려주지 않기 때문입니다.

이런 견지에서 일각에서는 '흘려듣기'의 중요성을 강조하며 영어 음원을 틀어놓기만 해도 아이들의 '영어 귀'가 뚫린다고 주장합니다. 하지만 어린아이들은 음원이나 영상을 통해 언어를 습득하는 능력이 제한적이라는 것이 많은 연구 결과로 뒷받침되고 있고요. 이처럼 주의를 기울이지 않는 언어 자극을 주어도 언어 습득에 유의미한 효과가 발생한다는 근거는 사실 부족합니다.

모국어 습득 원리도 마찬가지입니다. 라디오나 음원, TV를 틀어준다고 해서 어린 아기들의 언어 발달에 별 도움이 되지 않습니다. 어린아이들은 언어를 학습하는 게 아니라 자연스럽게 습득하는 과정에서 '사회적인 뇌'를 사용하기 때문에 풍부한 상호작용이 동반된 언어 입력이 유효하거든요. 즉 그 언어에 더 능숙한 어른이 아이에게 눈맞춤이나 손짓, 맥락 힌트 등 풍부한 사회적 신호들을 동원해가며, 현실에서 소통하는 '상호작용형 입력'이 필요합니다.

상호작용형 입력이 가장 많이 확보되는 '엄마표 영어' 방식은 바이링구얼 육아뿐입니다. 저는 다미에게 지난 2년간, 하루 평균 2시간씩 영어로 말을 걸어줬습니다.

하루 2시간이 1년이 되면 730시간이죠. 일주일에 두 번, 한 시간씩 영어로 쿠킹 클래스를 한다면 104시간이 확보됩니다. 영어 그림책을 하루 두 권씩 매일 빠지지 않고 읽어줘도 한 권에 10분씩이라 하면 1년에 120시간이 돼요. 양적으로도 큰 차이가 나죠. 또한 영어 쿠킹 클래스나 책 읽기에서 발생하는 상호작용은 일상 대화를 통한 상호작용에 비해 질적으로도 떨어질 수밖에 없습니다.

둘째,
지속 가능하다

바이링구얼 육아가 성공 가능성이 높은 두 번째 이유는 지속의 용이성입니다. 이 책의 서두에서 언급한 내용이지만, 다른 엄마표 영어 방식들과 비교해가며 조금 더 살펴볼게요.

아이와 영어로 베이킹이나 보드게임 등 즐거운 활동을 하는 것은 매우 좋은 생각입니다. 하지만 오랫동안 지속할 수 있는 취미로 자리잡기가 생각보다는 쉽지 않을 겁니다. 아이와 어떤 활동을 하면 좋다고 해서 마음먹고 시작했는데, 1년 넘게 갔던 활동이 얼마나 있나 생각해보세요.

아이의 흥미는 계속 달라지고, 새로운 '해야 하는 활동'이 비집고 들어오기 시작합니다. 활동을 시작할 때에도 어느 정도의 준비가 필요하고요. 그러다 보면 자꾸 놓치게 됩니다. '영어 활동 해야 하는데'라는 죄책감이 쌓인 채로 지내다 보면 실패 경험과 부정적 정서가 자꾸 쌓여요. '이번 주에도 안 했네' 하고요.

물론 바이링구얼 육아 역시 도중에 흐지부지될 수도 있지만, 그걸 깨닫는 순간 아이에게 물 한잔을 건네며 "Do you want some water?(물 마실래?)"라고 말해볼 수 있습니다. 아이가 고개를 끄덕이거나 가로저으면 그것만으로 소통 성공입니다. 이처럼 아무 때나 성공 경험을 쉽게 만들 수 있고, 아이의 성장을 확인해가며 좋은 피드백을 기반으로 지속하는 힘을 얻을 수 있어요.

영어로 그림책 읽기 역시 매우 좋은 방법입니다. 어쩌면 엄마표 영어에서 가장 흔히 활용되는 방법일 것이고, 저도 물론 활용하고 있습니다. 하지만 그림책 읽기만으로는, 모든 아이가 지속적으로 따라와주진 않는 것 같습니다.

한국어와 영어의 실력 차이가 벌어지기 시작하면 "영어 책 싫어"라며 거부하는 아이도 많습니다. 아이가 거부하지 않는 영어 책을 찾아 헤매야 하고, 겨우 사서 보여줘도 실패하기도 합니다. 다행히 아이가 거부하지 않고 다 읽으면 또 좋아하는 다른 책을 찾아 헤매야 하고요.

또한 아이의 모국어 수준보다 영어 수준이 떨어지는 경우가 많으므로, 자기 수준에 쉬운 책을 주로 읽게 됩니다. 수준에 맞는 한국어 책을 읽는 대신에, 수준보다 쉬운 영어 책을 읽는 시간이 많아지면 교육적으로 조금 아쉽죠.

실제로 저는 영어 그림책보다 한국어 그림책을 훨씬 많이 읽어주는데, 영어 그림책의 비중을 더 높일 생각은 별로 없습니다. 비교적 단순한 말을 많이 건네게 되고 반복이 많이 일어나는 일상 대화 시간과는 달리, 한국어 그림책을 읽는 시간은 한국어 고급 어휘와 문장 구조를 익힐 귀중한 기회거든요.

반면, 바이링구얼 육아는 아이와 하는 놀이, 식사, 목욕, 외출 등 하루하루 일어날 수밖에 없는 일상에 스며들기 때문에 지속하기 어렵지 않습니다. 사실 알람만 잘 맞춰 놓아도 실패하기가 어렵습니다. 뒤에서 더 설명하겠지만, 아이에게 복잡한 문장을 줄줄 읊어줄 수 있어야만 바이링구얼 육아가 아니거든요.

바이링구얼 육아의 스펙트럼은, 아이에게 매일 물건 하나씩을 내밀며 "This is an egg(이건 달걀이야)", "This is a cup of water(이건 물이야)"라고 해주는 것부터 영어로 태양계에 대해 설명해주는 것까지 다양해요. 휴대폰 알람을 맞춰놓고, 울릴 때마다 옆에 있는 물건을 집어들고 아이에게 내밀며 "This is OOO"라고 말해보는 건 어떨까요? 그 정도는 할 수 있지 않나요?

셋째,
발달 친화적이다

세 번째 이유는 발달 친화성입니다. 아이의 발달에 나쁘지 않다는 확신이 있기에 부모도 거부감을 갖지 않고 꾸준히 지속할 수 있는 방법이 바이링구얼 육아입니다.

많은 부모가 손쉬운 영어 노출 방법으로 영상 노출을 택합니다. 영어로 영상 보여주기는 부모가 시행하기가 어렵지 않기에 그나마 지속성이 있는 방식이에요. 하지만 아동 발달 관점에서는, 영상 시청은 모든 측면에서 그리 권장할 만한 것은 아닙니다. 아이가 어릴수록 더 그렇죠.

영어를 가르치기 위해 영상을 보여준다면, 그 시간만큼 놀이와 같은 발달에 더 좋은 시간을 희생해야 해요. 물론 영어 영상을 안 보여주더라도 어차피 한국어 영상을 보여줄 거였다면 큰 상관은 없습니다. 하지만 '영어라도 느니까' 하는 마음으로 더 손쉽게, 영상 시청을 정당화해가며, 자꾸자꾸 더 보여주게 되기도 합니다.

저도 다미에게 주말에는 영상을 보여주는데요. 가끔 괜찮은 영상이 있나 검색하다 보면, 아이가 잘 봤다는 영상 목록을 주르륵 나열한 댓글들을 발견하고 놀라곤 합니다. 이렇게 많은 영상 노출이 이루어져야 한다면, 득보다는 실이 더 큰 것 같거든요.

그래서 어떤 부모는 아이가 좀 큰 뒤에 영상으로 영어 교육을 시작하겠다고 말하기도 하는데요. 물론 성공한 케이스도 있겠으나, 좀 더 컸다고 해서 수동적인 영상 시청이 발달에 유익할 리 없어요.

또 아이가 크고 나서 시작하면, 한국어가 이미 너무 익숙해졌기에 영어 영상을 거부하게 될 가능성이 더 높습니다. 이미 자란 아이의 언어적, 인지적 수준에는 너무 쉬운 영어 영상을 보여줘야 하니 흥미가 떨어지기도 하고요.

반대로 아이의 언어적, 인지적 수준에 맞추려고 하면 영어가 너무 어려워서 학습 효율이 떨어지기도 합니다. 영상이 지나가는 것만 보며 멍하니 앉아 있는 과정에서 학습이 되는지 아닌지도 알기 쉽지 않죠.

바이링구얼 육아는 아이의 발달에 필요한 시간을 빼앗지 않습니다. 아이의 발달을 위한 프로그램을 영어와 함께 실행할 수 있어요. 미디어 환경에 아이를 몰아넣을 필요가 없습니다.

생애 초기 가장 중요한 발달 영역이며 외국어 스킬과 비교할 수 없을 정도로 중요한, 정서 발달에 악영향이 갈 수 있는 리스크를 감수해가며 영어 유치원에 보낼 필요도 없어요. 그냥 부모와 함께, 즐거운 시간을 보내면 됩니다. 아이 머릿속 영어의 방에 '즐거움'이라는 페인트를 칠하면서 말이죠.

넷째,
난이도 조절이 용이하다

넷째, 바이링구얼 육아는 난이도 조절이 쉽습니다. 부모 페이스대로, 부모 실력에 맞게, 그리고 아이 실력에 맞게 얼마든지 난이도나 강도를 조절할 수 있어요. 아주 작은 베이비 스텝으로 시작해서 점차 레벨업을 해나갈 수도 있어요.

다른 누구도 아닌 부모 입에서 나오는 말이 언어의 재료이기 때문에 그렇습니다. "Would you like to drink some water?(물 좀 마실래?)"라는 말이 안 나오나요? 아니면 아이가 그 말을 알아듣기 어려울 것 같나요? 그렇다면 그냥 "water?(물?)"라는 말로 시작하면 됩니다. 모국어로도 우리는 아이에게 이렇게 쉬운 말을 자연스레 많이 건넵니다. 아직 언어 수준이 부족한 영유아들을 향한 엄마들의 직관적이고 본능적인 배려죠.

아이는 선생님이 아닙니다. 성인 회화 학원에서라면 "water?"처럼 쉽고 문법적으로 완전하지 못한 말을 했을 때 부끄러울 수 있지만, 아이 앞에서는 당당해질 수 있죠. 아이는 틀렸다고 뭐라 하지 않으니까요. 그리고 아이 자신도 마음껏 틀립니다. 그러니 부모도 아이 앞에서는 무장을 내려놓고, 마음껏 틀린 말을 할 수 있어요.(뒤에서 더 설명하겠지만, 틀린 말, 콩글리시, 한국어와 영어가 섞인 말, 다 해도 됩니다.)

아이가 부모가 하는 말을 알아듣지 못해 멍한 눈빛을 한다거나 짜증을 낸다거나 "한국어로 해!"라고 한다면 어쩌죠? 부모는 이에 반응해 즉각적으로, 더 쉬운 언어와 더 풍부한 사회적 신호(표정, 손짓, 몸짓 등)를 제공함으로써 난이도를 낮춰줄 수 있어요. 아이가 간단한 단어를 잘 알아듣는다는 확신이 들면, 아이가 이해하는 간단한 단어를 중심으로 좀 더 길게 말해보세요. 그렇게 난이도를 실시간으로 조절해나갈 수 있습니다.

분야를 막론하고 맞춤형 난이도 제공은 성공적인 학습의 조건입니다. 교육에 인공지능을 접목한다고 주장하는 많은 '에듀테크(edu+tech, 교육과 기술을 결합)' 기업에서 내세우는 기능이 바로, 학습자의 수준에 맞게 난이도가 자동 조절되는 학습 시스템이에요.

자꾸 틀리면, 문제의 난이도가 알아서 낮아집니다. 자꾸 맞으면 난이도가 높아져요. 그렇게 학습자에게 최적의 난이도를 맞춰주는 겁니다. 그래야 학습자가 좌절하지도, 지루하지도 않으며 가장 효과적으로 학습하게 되거든요.

10년 뒤엔 어떨지 모르겠으나, 아직까지는 대화에서 상대방을 배려해 난이도를 실시간으로 조절하는 능력은 인공지능보다 우리가 더 뛰어날 거예요. 이런 '맞춤형' 언어를 제공하기에, 아이를 가장 잘 아는 부모가 아이와 세심하게 1대 1로 대화하는 바이링구얼 육아만큼 좋은 방법은 없습니다.

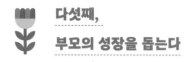

다섯째,
부모의 성장을 돕는다

다섯 번째, 바이링구얼 육아는 아이뿐 아니라 부모의 성장에 도움이 됩니다. '설마?' 하겠지만 진짜예요. 바이링구얼 육아 현장만큼 영어 스피킹을 마음껏 연습할 수 있는 무대도 없습니다.

제가 바이링구얼 육아를 처음 시작했을 때 영어 스피킹이 솔직히 그리 어렵진 않았지만 아주 쉽지도 않았어요. 하지만 아이와 2년간 신나게 영어로 말하다 보니, 더 자연스럽고 자신감 있게 말할 수 있게 되었죠. '이건 뭐라고 말하지?' 하는 것들을 적어놓고, 찾아보고, 또 실생활에서 말하면서 뇌에 각인하는 경험을 하다 보니 표현도 많이 풍부해졌어요.

아이에게 더 풍부한 언어를 들려준다는 목적 의식이 있으니 '이건 영어로 뭐라고 하지?' 하는 의문이 들면 그냥 지나치지 않고 찾아보게 되더라고요. 그렇게 찾은 단어나 표현을 머릿속에 넣어놓고, 우연한 상황에서, 혹은 일부러 상황을 만들어서 아이에게 써먹어요. 그렇게 해서 소통에 성공하고 아이에게 성공적으로 그 새로운 단어나 표현을 넘겨주죠. 그때의 기분은 직접 경험해봐야 알 수 있는 만족감입니다.

사실 다섯 번째 포인트는 저 개인적으로 가장 애착이 가는 포인

트입니다. 많은 부모가 육아를 통해 스스로도 성장하는 기쁨을 느꼈으면 좋겠거든요. 제가 부모들에게 하고 싶은 말이 참 많지만, 그중 딱 한 문장만 꼽으라면 이겁니다.

"육아하는 시간이 희생이 아닌 성장의 기회가 되었으면 좋겠다."

아이가 멋진 원어민 발음으로 "Apple"이라고 말한 것에 박수치는 것도 좋아요. 하지만 '내가 이런 영어 문장을 이렇게 자연스럽게 말할 수 있다고? 나 좀 멋진데?' 하는 기분도 많이 느꼈으면 좋겠어요.

바이링구얼 육아를 계기로 많은 부모가 영어를 좋아하고 영어와 친하져서, 전에 없던 기회를 만나게 된다면 전 정말 기쁠 것 같습니다. 바이링구얼 육아를 실천하면서, 이를 자신의 성장뿐 아니라 커리어로 만들어나간 부모의 사례를 소개합니다.

"저는 결혼 전에는 입시 영어 강사로 일했지만, 결혼 후 남편의 교대근무와 육아로 인해 규칙적인 시간에 일을 하기는 어려운 상황이 되었습니다. 그래서 영어와 관련된 일을 앞으로 어떻게 이어갈지 고민이 많았습니다.

그러다 '베싸TV'를 통해 바이링구얼 육아에 대해 알게 되었고, 실천하기 시작했습니다. 아이에게 영어로 말하면서 스피킹 감각을 유지하고 성장시킬 수 있게 되었을 뿐 아니라, 아이들과 영어로 소통하는 재미를 느꼈습니다. 영유아의 영어 경험에 대해 관심을 갖고 더욱 공부하다 보니 이는 새로운 커리어로 자연스레 이어졌습니다.

집 인근의 영유아들을 대상으로 100% 영어로 진행되는 영어 놀이 수업을 작게 시작했습니다. 아이를 키우며 아이에게 수준에 맞는 영어 인풋을 주는 데 스스로가 익숙해지지 않았다면, 놀이 수업에 도전할 엄두조차 내지 못했을 거예요. 현재는 범위를 더 넓혀, 원서 기반 북토킹 클래스 운영에 대해 온라인으로 배우면서 아이들의 영어 교육과 맞물려 커리어를 적극적으로 개척해나가고 있습니다."

여섯째,
가성비가 좋다

여섯 번째, 바이링구얼 육아는 돈이 별로 들지 않습니다. 부모가 영어를 잘한다면 0원입니다. 영어를 잘 못 한다면, 영어를 배우는 과정에서 시간을 비롯한 리소스를 써야 하므로 돈이 조금 들기야 하겠죠. 하지만 여전히 다른 많은 엄마표 영어에 비하면 매우 경제적이에요.

키즈카페, 미술 활동, 베이킹, 놀이 선생님, 캠프… 이런 활동 앞에 '영어'라는 두 글자만 붙이면 가격이 두 배가 된다는 사실, 이미 알고 있겠죠. 아이와 길가에 있는 개미들을 들여다보며 한 시간 동안 영어로 몇 마디 해주고 나면, 적어도 5만 원 정도는 우습게 번 셈입니다.(진짜로요!)

사교육, 특히 영어 사교육을 시작하는 나이가 점점 어려지고 있다고 합니다. 주위를 둘러보면 많은 아이가 이미 영어를 시작하고 있죠. 그런 모습을 보며 조급해질 때도 있을 거예요.

사교육을 시작한 뒤에도 마찬가지입니다. 부모가 직접 아이와 상호작용할 때와 달리 아이가 영어를 얼마만큼 이해하고 자연스럽게 느끼는지 알 수 없기에, 조급하고 불안한 마음은 사라지지 않습니다. 이걸 하고 있지만 저것도 해야 할 것 같죠.

저는 4년간 바이링구얼 육아를 하면서, 즉 아이와 하루 1~2시간 영어로 대화하고 하루 한 권을 영어 그림책을 읽으면서, 아이의 영어 교육에 대해 단 한 번도 무언가 더 해줘야 할 것처럼 느낀 적이 없습니다.

아이와 영어로 교감하는 무수한 시간을 통해, '아, 우리 아이의 영어 기초가 탄탄히 만들어지고 있고 이 아이는 영어를 두려워하지 않는구나'라는 확신이 계속해서 쌓여왔기 때문입니다.

이렇게 저는 아이에게 이미 돈 한푼 들이지 않고 좋은 것을 주고 있다는 믿음을 바탕으로, 영어 사교육비에 썼을 수도 있었을 돈을 더 현명하고 자신 있게 쓸 수 있습니다.

예를 들면, 나만의 시간을 좀 갖고 싶은 주말, 아이와 즐겁게 놀아주는 놀이 선생님이 오시면 저는 제 시간을 가집니다. 일주일에 한 번 청소 도우미를 불러 집을 깨끗하게 청소하도록 하고요. 그 시간에 저는 아이와 밖에서 나뭇잎을 따면서 놀기도 하죠(물론 영어로 놀 때도 있어요).

저도 행복하고 아이도 행복한 방향으로 자원을 활용합니다. 그렇기 때문에 저는 너무 지치지 않고, 지속 가능하게 바이링구얼 육아를 해나갈 수 있습니다.

아이가 자랄수록 보통 영어 사교육비가 더 높아진다는 것을 고려해보면, 앞으로 제가 바이링구얼 육아로 아낄 돈은 지금까지 아낀 돈보다 더 많겠죠. 한 달에 30만 원씩만 아껴도 1년에 360만 원이네요.

이 돈으로 뭘 할까? 즐거운 상상을 해봅니다.(저는 여행을 좋아합니다. 사교육비에 쓸 돈으로, 아이와 영어를 활용할 수 있는 나라로 여행을 많이 다니고 싶어요.)

일곱째, 재미있다

일곱 번째, 바이링구얼 육아는 재미있습니다. 피드백이 즉각 오기 때문입니다. 바이링구얼 육아의 핵심은 아이와 영어로 소통하는 것입니다. 소통하는 과정에서 부모는 아이가 내 말을 알아들었다는 피드백을 계속해서 받게 되죠. 아이의 성장이 매일 느껴집니다.

"이 말도 알아들을까?" 하고 건네 본 지시를 정확하게 수행하는 아이를 볼 때 참 신기하고 재미있어요. 물론 이건 이 세상 모든 부모가 100% 경험하는 것인데, 바로 모국어 발달 과정에서 똑같은 것을 경험해요.

바이링구얼 육아를 통해, 이런 재미를 외국어에 노출하면서도 똑같이 느낄 수 있습니다. 언어가 두 개인 만큼 아이의 언어 성장을 지켜보는 즐거움과 재미도 두 배입니다.

CHAPTER 2.

바이링구얼
육아에 대한
오해와 편견

모국어 발달을
저해할까?

지금까지 이른 시기부터 자연스럽게, 언어로 영어를 접하는 것의 장점, 그리고 여러 그 방법론 중 바이링구얼 육아를 제가 특히 추천하는 이유에 대해 설명했습니다. 그런데 여전히 영어 시작 시기에 대해 고민하는 부모도 있을 거예요.

그중 상당수는 '영어 조기 노출'의 부작용에 대해 접한 적이 있는 부모들일 것입니다. 모국어가 발달하는 시기에 외국어를 노출하는 것이 모국어 발달을 방해할 수 있다는 내용을 인터넷에서도 쉽게 찾아볼 수 있죠.

영어 조기 노출은 모국어 발달에 부정적 영향을 줄까요? 그렇기도 하고 아니기도 합니다. 실제로 부정적 영향을 주는 경우도 있습니다. 그건 바로 영어 실력이 부족한 부모가 아이와 하루종일 영어로만 대화하려고 하는 경우입니다.

아이를 잘 키우기 위해서는 여러 가지 원칙이 필요합니다. 아이를 키우며 그런 원칙들을 잘 조합하는 것은 부모의 재량이죠.

예를 들면, 부모는 아이의 자율성을 어느 정도 지지해주어야 합니다. 무엇이든 안 된다고 제한하거나 부모가 원하는 방향으로만 끌고 가며 아이를 키우면, 아이는 '나는 아무것도 원하면 안 되는구나'라는 무기력함을 느낍니다. 그러면 부모가 해도 되는 것과 하면 안 되는 것을 다 알려주기를 바라는 의존적인 사람으로 자랄 수 있죠. 이것을 '자율성 지지 육아'의 원칙이라고 합니다.

저는 『베싸육아』라는 책에서, 아이를 잘 키울 때 기준이 되는 5가지 대원칙을 소개했습니다. 5가지 원칙은 '안전'과 '생존'을 제외하면 그 어떤 기준보다 우선되어야 하는, 그야말로 '대'원칙입니다. 자율성 지지 육아도 그 대원칙 중 하나예요.

그보다 하위에 있는 원칙들도 있습니다. 예를 들면 '골고루 영양 섭취가 잘되게 해야 한다'는 것은 중요한 원칙이죠. 아이와 식사를 할 때는 자율성 지지 육아 원칙과 고른 영양 섭취의 원칙을 둘 다 고려해야 해요. 하지만 대원칙인 자율성 지지 육아의 원칙이 더욱 중요합니다.

영양 섭취를 우선시해서 아이의 선호나 거부감을 무시하고 싫어하는 음식을 억지로 먹이다 보면, 아이는 식사에 거부감을 갖게 되고, 아이와의 식사 시간은 갈수록 전쟁이 됩니다.

자율성을 지지한다는 큰 틀 안에서 "뱉어도 괜찮아, 손톱만큼만 먹어볼까?", "이건 싫구나? 알았어, 꼭 먹지 않아도 괜찮아. 엄마는 맛있는데. 다음엔 한번 먹어봐"라고 할 수 있어요. 자율성을 빼앗지 않는 한에서 적당히 권유하다 보면 언젠가 아이가 그 음식을 먹는 순간이 오죠. 그렇게 천천히 먹을 수 있는 음식을 늘려나가면 고른 영양 섭취가 가능합니다.

언어 발달과 관련해서도 대원칙이 있습니다. 제가 다섯 번째 대원칙으로 꼽는 '풍부한 언어 환경 조성하기'입니다. '아이에게 여러 언어를 노출한다'는 원칙은? 대원칙은 아닙니다. 풍부한 언어 환경 조성이라는 대원칙보다 우선순위가 떨어진다는 뜻이에요.

만약 바이링구얼 육아를 함으로써 아이의 언어 환경이 빈곤해진다면, 그래서 모국어 발달에 나쁜 영향을 준다면, 바이링구얼 육아는 득보다 실이 큽니다. 앞서 언급한 '영어 실력이 부족한 부모가 아이와 하루종일 영어로만 대화하려고 하는 경우'는 바로 이런 경우에 해당해요.

부모가 영어 실력이 부족한데 아이와 영어만 쓰기로 한다면 어떻게 될까요? 영어를 억지로 쥐어짜서 말해보겠지만 당연히 한국어로 말하는 것에 비해 훨씬 단순한, 그리고 꼭 필요한 말만 건네게 되겠죠.

이건 언어 발달에 좋지 않습니다. 한국어이든, 영어이든, 언어의 종류에 관계없이 아이는 '풍부한 언어'를 들어야 합니다. 이중언어 환경에서 언어 환경이 빈곤해지는 것은 많은 다문화 가정에서 일어나고 있는 일이기도 합니다.

베트남 출신의 엄마는 아이가 따돌림을 당할까봐, 그리고 학교에서 적응을 잘 못할까봐 아이에게 부족한 한국어로 이야기합니다. 그 결과 언어 발달이 지연되죠. 언어 발달이 지연되면 감정 조절 능력도 원활하게 성장하지 못하고 타인과 소통하기도 더 어렵습니다. 그래서 한국어 사용이라는 선택은 비록 의도는 선했지만 결국 아이에게 더 나쁘게 작용한 셈입니다.

그래서 지자체 단위에서 다문화 가정의 엄마들이 한국어 대신에 본인이 가장 편안한 언어인 모국어로 아이와 대화할 수 있게 장려하는 부모교육을 많이 하고 있어요.

부족한 외국어로 하루종일 말하려다 풍부한 한국어를 들려줄 소중한 기회를 놓치게 되는 일은 없어야겠습니다. 바이링구얼 육아는 외국어 실력에 따라 각기 다른 방식으로 접근해야 합니다(구체적 전략은 2부에서 다시 다루겠습니다). 이런 특수한 경우가 아니라면, 여러 언어를 아이에게 노출하는 것 자체는 언어 지연의 원인이 되거나 발달에 해가 되지 않습니다.

영어 조기 노출의 위험성은 앞서 말한 육아 대원칙을 무시하고 '영어 실력 향상'에만 집착해 발생한 나쁜 사례를 말하는 거겠죠. 이에 더해, 영어 조기 노출이 한국에서 이토록 가혹한 평가를 받게 된 문화적 맥락도 있습니다. 저는 바이링구얼리즘에 대한 해외 및 국내 자료를 비교, 검토하면서 2가지를 깨닫게 되었어요.

첫째, 모노링구얼 사회의 바이링구얼리즘에 대한 몰이해와 편견 섞인 시선입니다. 사실 모노링구얼 사회인 한국에서 영어 조기 노출의 위험성을 경고하는 '전문가'들 중에는 이중언어학자는 고사하고 언어학 전문가조차 찾아보기 어렵습니다.

해외에서는 요즘에는 많이 생각이 바뀐 것 같습니다만, 예전에는 한국처럼 이런 편견이 일부 남아 있었는데요. 이중언어학자인 콜린 베이커 교수는 저서에서 이렇게 말했습니다.[28]

"너무나 자주(물론 나쁜 의도는 없지만), 의사나 교사 등 전문가들은 기존 바이링구얼리즘에 대해 쌓여왔던 편견이나 잘못된 믿음들을 바탕으로 부모들에게 조언을 해왔다. (…) 이러한 조언들은 많은 경우 바이링구얼리즘에 대한 현대의 연구 결과들이나 진짜 언어 전문가의 조언과 어긋난다."[29]

둘째, 한국에서는 '조기교육 열풍'이 문제를 더욱 복잡하게 만듭니다. 자료를 조사하다 보면, 바이링구얼리즘이나 외국어를 접근하는 출발점이 서구권과 한국에서 상당히 다르다는 것을 알 수 있습니다.

서구권에서는 외국어를 '언어'로 접근해 언어학자나 언어치료사 등 언어 전문가들의 말에 주목합니다. 반면 한국에서는 언어를 대체로 '교육'과 결부해 다룹니다. 언어 전문가보다는 육아나 부모 교육 등 더 광범위한 분야를 다루는 전문가들의 의견에 힘이 실린 경우가 많죠.

이러한 육아 전문가들은 외국어 노출을 '언어 환경 조성'이라기보다 부모의 욕심으로 어린아이에게 무리하게 교육시키는 '조기교육'의 프레임으로 바라보는 경우가 많습니다. 특히 부모의 욕심과 잘못된 교육열이 아이에게 얼마나 해가 되는지 잘 알고 있는 발달 전문가라면, 영어 조기교육에 반대 의견을 제시할 수 있죠.

그렇지만 언어 분야의 최근 연구 결과들을 근거로 말하는 전문가가 아니라면, 그런 의견을 다시 생각해볼 필요가 있습니다. 아무리 유명한 육아 전문가라도 편견이나 문화적 프레임에서 벗어나지 못할 수 있으니까요. 바이링구얼 육아와 외국어 노출을 단순히 조기 교육의 관점에서만 바라보아서는 안 됩니다.

그래도 미심쩍어서 더 확실한 근거를 원하는 부모들을 위해 좀 더 자세히 이야기해보겠습니다.

외국어 노출이 모국어 발달을
지연시키지 않는다는 근거들

지금 바로 구글에 이렇게 검색해보세요.

　'Bilingualism causes language delay(바이링구얼리즘이 언어 지연을 유발한다)'.

상위에 언어 전문 기관의 보고서나 논문, 또 미디어에서 언어 전문가와 인터뷰한 내용이 쭉 뜰 겁니다. 많이 볼 필요도 없고 3~4개 정도만 살펴봐도 알게 될 거예요. 바이링구얼리즘과 언어 지연 간의 관계를 밝히는 근거는 현재까지 없다고, 언어 전문가들은 확언합니다.

미네소타 대학의 언어학자인 캐서린 코너트Katheryn Kohnert 교수에 따르면, 바이링구얼과 모노링구얼인 아이들 간에, 모국어 언어 지연

을 경험할 확률은 비슷하다고 합니다.[30]

바이링구얼인 아이들이 모노링구얼인 아이들에 비해 모국어 발화 시기가 늦어지는 현상은 종종 관찰되는 현상입니다. 이런 경험으로 인해 "바이링구얼리즘은 모국어 성장을 방해한다"라는 주장이 나오게 된 것인지도 모르겠어요.

영국 레딩 대학의 이중언어학자인 루도비카 세라트리스Ludovica Serratrice 교수는 한 학술서에서 이렇게 말했습니다.[31] 바이링구얼인 아이들은 각 언어에 대한 입력이 모노링구얼인 아이들에 비해 적기 때문에 발화 시기가 늦어지는 경우도 있지만, 여전히 정상 범위 내에 들어온다고 합니다. 두세 단어를 연속해서 말하기 시작한 이후로는 모노링구얼인 아이들과 비슷한 속도로 모국어를 습득해간다는 것이에요.

언어는 여러 영역으로 이루어져 있습니다. 크게는 세 영역으로 나눌 수 있는데요. 소리phonology, 문법syntax, 어휘vocabulary. 이 세 영역에 바이링구얼리즘이 미치는 영향을 하나하나 살펴보겠습니다.

 ## 아이들은 서로 다른 소리 체계를 구별할 수 있어요

먼저 소리에 대해 알아볼게요. 아주 어린 아기에게, 심지어 뱃속에 있는 아이들에게도 말을 많이 들려주면 좋다고 하죠. 그 이유는 말의 내용이 아닌 소리 때문입니다. 아기들은 말소리를 많이 들으면서 그 말소리로부터 일종의 경향성을 뽑아내고 해당 언어의 소리를 처리하는 시스템을 뇌 속에 만들어요.

그러면 소리 체계가 각기 다른, 하나의 언어가 아닌 두세 개의 언어를 어릴 때부터 들으면 어떻게 될까요? 말소리 처리 시스템이 서로 충돌하거나 방해해서 제대로 자리잡히지 않게 될까요?

그렇지 않은 것 같습니다. 워싱턴 대학의 저명한 언어학자 패트리샤 쿨Patricia Kuhl 교수는 한 논문에서 이렇게 설명합니다.[32] 아기들은 각 언어의 소리들에 노출되면서 그 소리들을 처리하는 시스템을 만들 때 뇌 속에 별개의 공간을 따로따로 만든대요. 그리고 이 시스템들은 서로 충돌하지 않는다는 것입니다.

한국어를 들었다가 영어를 들으면, 익숙하지 않은 소리 시스템이므로 처음에는 "응…?" 할 수 있지만, 반복적으로 듣다 보면 결국 영어 소리만을 처리하는 별개의 시스템을 만들게 된다는 것이죠.

어린 아이들이 서로 다른 소리 체계를 가진 언어들을 생각보다 아주 잘 구별한다는 것은 많은 연구가 입증합니다.[33]

돌도 되지 않은 어린아이들도 소리를 듣고는 물론이고, 심지어 음소거를 한 상태에서 입 모양만 보고도 모국어와 외국어를 구분하는 능력이 있다고 합니다. 바이링구얼인 아이들은 4개월만 되어도,

각 언어를 들었을 때, 기존 경험에 따라 만들어놓은 두 개의 소리 처리 시스템 중 하나를 골라서 가동하는 능력이 생기고요.

즉 어린아이들이 여러 언어 속에서 혼란을 겪을 거라고 생각하는 것은 어른의 편견에 불과합니다.

문법 습득을
방해하지 않아요

그다음으로 문법 구조에 대해 살펴보겠습니다. 한 언어의 문법 구조에 대한 지식은 돌 이후 발달하기 시작해서 만 7세 정도가 되면 대부분 완성된다고 합니다.[34]

케임브리지 대학의 언어학자 이안티 마리아 트심플리Ianthi-Maria Tsimpli 교수는 한 논문에서 문법적인 지식을 습득하는 시기에 따라 크게 3단계로 나누었습니다.[35] 만 5세 이전에 대부분 습득되는 초기 지식, 만 5~6세 사이에 습득되는 중기 지식, 만 6세 이후에 습득되는 후기 지식입니다. 당연히 후기로 갈수록 더 세련되고 복잡한 문법 구조를 습득하겠죠.

트심플리 교수는 모노링구얼과 바이링구얼인 아이들이 이 각 시기에 지식을 습득하는 속도를 살펴봤는데요. 만 5세까지 배우는 초기 지식의 문법들은 바이링구얼과 모노링구얼인 아이들이 비슷한 속도로 습득하는 모습을 보였습니다. 하지만 중기와 후기 지식의 경우 바이링구얼인 아이들이 모노링구얼인 아이들에 비해 조금 느린 모습을 보였어요.

이것으로 미루어볼 때 초기 지식은 모노링구얼인 아이들이 받는 언어 입력의 절반만으로도 충분히 습득이 된다고 볼 수 있고요. 중기와 후기 지식의 경우 바이링구얼인 아이들은 어쩔 수 없이 각 언어의 입력이 적어지므로, 이에 영향을 받는다고 볼 수 있습니다.

그래서 만5세까지는 별 차이가 나지 않겠으나 만 6~7세 정도가 되면, 보통 바이링구얼인 아이들이 모노링구얼인 아이들보다 조금 덜 복잡하고 덜 세련된 언어를 구사할 확률이 높아지겠죠.

이에 대해 제 개인적인 의견은 이래요. 모국어 문법 실력이 만 5세 이후 차이가 날 것이냐 아니냐는 바이링구얼 환경 안에서도 상당한 차이variation가 있을 거라고 생각합니다. 아이를 영어 유치원에 보내지 않고, 책읽기의 많은 부분을 영어로 대체하지 않고, 아이가 한국어로 부모를 비롯한 어른들과 대화하는 시간이 영어로 대화하는 시간보다 적지 않다면, 아마 모노링구얼에 비해 차이가 나지 않을 거예요. 트심플리 교수 또한 지적하고 있는 바, 바이링구얼 언어 환경 내에서도 아이가 각 언어를 경험하는 방식에 따라 문법 지식 습득의 속도가 달라지거든요. 예를 들어 아이와 주로 반복되는 일상 속 소통이나 놀이나 특정한 활동은 영어로 하되, 복잡하고 세련된 언어를 더 많이 들을 수 있는 대화 시간, 이야기 듣기 시간, 책 읽기 시간, 그리고 교육기관에서의 생활은 주로 한국어로 이루어진다면 '고급 한국어 문법을 들을 기회가 줄어드는 정도'는 미미할 것입니다.

하지만 여전히 찜찜하고, 그렇게까지 세세하게 나누어서 계획하기 힘들다면? 그런 경우 만 5세 정도부터는 조금 더 고급 한국어를 들려주는 데 신경쓰세요. 그림책은 가급적 한국어로 읽어주세요. 아이와 영어로 대화하는 시간은 전체 언어 노출 시간의 30% 미만으로 정하세요. 이 정도의 기준을 세운다면 적당하다고 봅니다.

어휘는
빈도의 문제예요

이번에는 어휘에 대해 살펴봅시다. 어휘는 바이링구얼인 아이들이 결과적으로 취약해질 수 있는 부분으로 꼽힙니다.[36] 어휘는 들은 만큼 쌓이는 것이거든요. 아이가 하루의 절반은 영어로, 절반은 한국어로 듣는다면, 당연히 하루 종일 한국어를 듣는 아이에 비해 어휘력이 약해질 수밖에 없습니다.

예를 들어 재미 교포인 아이는 바이링구얼이지만 '절제'라는 단어나 'potty(유아용 변기)'라는 단어를 모를 수도 있습니다. '절제'라는 고급 단어는 아마 영어로 배웠을 것이고, 'potty'처럼 주로 가정에서 사용하는 단어는 한국어로 배웠을 테니까요.

바이링구얼리즘으로 야기되는 어휘 부족이 결과적으로 문해력 등의 학업적인 측면이나 모국어의 유창성 등에 차이를 가져올까요? 이 부분은 쉽게 결론내릴 수 있는 것은 아니며 연구 결과도 다소 분분합니다. 아마도 앞서 말했듯 바이링구얼 육아 안에서도 편차가 크게 나타나는 것이겠죠.

한국어 그림책을 100권 읽은 아이와 영어 그림책을 100권 읽은 아이는 한국어를 기반으로 한 교육 시스템 안에서 성취도에 차이가 날 수밖에 없을 것입니다(영어 과목을 제외하면). 부모님과 심도 깊은 대화를 한국어로 주로 하는 아이와 영어로 주로 하는 아이의 한국어 유창성에는 당연히 차이가 날 거예요.

하지만 어릴 때부터 두 언어에 노출되었다고 해서, 언어 능력에서 '질적인 차이'가 생기는 것은 아닙니다.[37] 어휘를 습득하는 능력이나 속도가 줄어드는 것도 아니라고 언어학자들은 말합니다.[38]

중요한 건 아이가 몇 개의 언어에 노출되느냐 그 자체가 아니라, 아이가 삶에서 고급 한국어를 접할 기회가 얼마나 풍부하게 주어지느냐입니다. 한국에 살면서 바이링구얼 육아를 하더라도 오히려 고급 한국어 어휘를 전달하기 위해 한국어 그림책을 더 열심히 읽어줘야 하는 이유죠. 고급 영어 구사보다 고급 한국어 구사가 조금 더 중요할 테니까요.

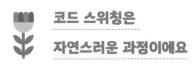

코드 스위칭은
자연스러운 과정이에요

조기 외국어 노출에 대한 오해를 부추기는 또다른 요인 중 하나는 '섞어 말하기'입니다. 이것을 학술적으로는 코드 스위칭code switching 혹은 트랜스랭귀징translanguaging이라고 부릅니다.

영어에 노출되기 시작한 아이가 한국어에 영어를 섞어 쓰기 시작한다거나, 한국어에 영어 발음이 섞여 나온다거나 하는 등 두 언어가 서로 침투하기 시작하면 많은 부모가 당황하곤 합니다. '내가 잘못된 육아 방식으로 아이의 모국어를 망가뜨렸다'라는 생각 때문이죠.

하지만 코드 스위칭은 바이링구얼의 세계에서는 매우 흔하게 나타나는 현상이며, 걱정할 필요가 없습니다. 와이오밍 대학의 언어학자 마크 기버슨Mark Guiberson 박사는 코드 스위칭은 여러 언어를 배워가는 아이들이 겪는 정상적인 발달 단계라고 설명합니다.[39]

한국어로 말하다가 영어로만 아는 단어가 있으면 영어에서 빌려오는 등 모노링구얼인 아이들이 사용할 수 없는 전략을 사용해보기도 하고, 한국어 문법에 외국어 단어를 얹어보는 등 나름의 다양한 실험을 해보기도 하는 거죠.

코드 스위칭은 '혼란'인 것처럼 보이지만, 실제로는 바이링구얼인 아이들이 두 언어를 이해해가는 과정에서 나타나는 언어적인 전략이나 실험으로 바라보는 것이 더 적절합니다.[40]

옥스퍼드 대학의 언어학자인 조지은 교수는 바이링구얼인 아이들과 소통하는 과정에서 어른도 한국어와 영어를 섞어 쓰는 것을 주저할 필요가 없다고 했습니다. 그리고 아이들이 섞어 쓰는 것에 대해서도 전혀 걱정할 필요가 없다고 단언했습니다.

최근 이중언어학에서 섞어 쓰기는 많은 연구의 초점이 되고 있으며 긍정적이고 장려할 만한 것으로 보고 있다고 해요. '섞어 쓰지 말라'는 조언은, 각 언어의 순결성과 완벽성에 대한 잘못된 환상에서 나온 것입니다.

사실 이미 한국어 안에서 우리가 얼마나 많은 영어 단어를 섞어 쓰고 있는지 생각해보세요. 언어의 융합fusion은 이상한 게 아니라 자연스러운 현상인 것입니다. 그리고 바이링구얼 환경에서 마구 섞어 쓰며 자란 성인이라도, 사회적으로 한국어만 써야 할 상황에서는 한국어만 씁니다. 영어만 써야 할 상황에서는 영어만 쓰고요. 섞어 써도 편한 상대(형제자매 등)에게는 섞어서 쓸 수 있습니다.

그러니 아이가 한국어도 영어도 아닌 이상한 언어 체계를 가지게 될까봐 걱정해야 할 이유는 없어요.

정리하면, 한국에서 널리 퍼진 영유아 시기 외국어 노출의 부작용에 대한 속설은 언어학적 관점에서 근거가 탄탄하지 않아요. 여기에는 모노링구얼인 어른의 시선에서 나오는 오해와 편견이 상당히 개입되어 있습니다.

잘못된 방식의 사교육의 부작용과 아이의 자연스러운 언어 습득은 분리해서 볼 필요가 있어요. 외국어는 한국어와 마찬가지로 하나의 언어에 불과합니다. 무엇보다 어린아이들은 두세 가지 언어를 무리 없이 배울 수 있는 능력을 갖고 있고요.

마지막으로 이중언어학자인 콜린 베이커 교수의 호언장담을 소개합니다.[41]

"외국어를 배우는 것이 모국어 발달을 방해하나요?"
"아니오, 절대 그렇지 않습니다."[42]

'영알못' 부모도
바이링구얼 육아를 할 수 있을까?

모국어 습득에 대한 우려를 떨쳐버렸더라도 마음 한 켠에는 여전히 바이링구얼 육아에 대한 큰 허들이 남아 있을지 모릅니다. 그건 바로 부모 자신의 부족한 영어 실력이죠.

그래서 여기서는 그게 왜 생각보다 허들이 아닌지 찬찬히 짚어볼게요. 끝까지 따라오면 마음속에 영어, 나아가 한국어 외의 다른 언어에 대한 새로운 관점과 자신감이 자리잡을 겁니다. 그건 아이에게 물려줄 귀중한 유산이 될 거예요.

일각에서는 부모가 아이와 영어로 대화하는 것은 부모가 영어를 원어민 수준으로 할 때만 가능하다고 이야기합니다. 욕심 내지 말고 그림책 읽어주기나 영상 노출 등 할 수 있는 것만 하라고 말이죠.

하지만 저는 이게 참 불만스러웠습니다. 원어민 수준의 영어라니, 그러한 개념 자체가 정말이지 시대에 뒤떨어진 것이거든요. 영어권에서도 이제 미국인들과 영국인들의 '원어민스러운' 영어가 전 세계 영어의 아주 일부만 차지한다는 사실을 인정하고 있어요.

영어는 전 세계에서 사용하는 만큼 갈수록 세계화되고 다양화되며 끊임없이 변하고 있습니다. 영어를 원어민스럽게 하든 안 하든 그리 부끄러워할 일도 자랑스러워할 일도 아닌 것이죠. 효율적으로 소통하는 법을 알고 글로벌 마인드를 갖추는 게 훨씬 더 중요해요. 이런 시대에 이민을 가든가 영어 유치원에 보내서 '원어민 영어를 하는 어른'과 대면을 시켜야만 아이에게 영어를 가르칠 수 있다니요!

물론 영어가 유창하지 않은 부모가 아이에게 영어를 들려줄 경우의 부작용도 무시할 수는 없어요. 아이에게 풍부한 언어 입력을 해주는 시간이 줄어들 수 있기 때문이죠. 또 아이가 불완전한 영어를 배우게 될 수 있다는 문제도 생각해볼 수 있어요.

둘 다 맞는 말이에요. 어떤 언어든 아이에게 양적으로, 질적으로 풍부한 언어 환경을 조성해주지 못한다면 아이의 언어 발달이 저해될 수 있는 것은 명백한 사실이니까요. 또 일관되게 부모의 부정확한 영어만 들으면서 자란 아이라면, 당연히 잘못된 영어를 배우게 되겠죠.

그렇다고 무조건 '안 된다'는 결론을 낼 필요는 없어요! 현실적으로 이러한 부작용이 모두에게 적용되는지, 혹은 그 부작용을 어떻게 없앨 수 있는지에 대한 해답도 분명 있을 테니까요.

한국어 습득 기회, 유의미하게 줄지 않아요

일단 양적인 부분에 대해 생각해보면, 부모가 아이에게 부족한 영어로 영어 대화를 시도한다고 해서, 실제로 한국어 인풋이 눈에 띄게 줄어드는 경우는 많지 않을 거예요. 아무리 영어를 잘한다고 해도 하루 중 2~3시간을 영어로만 말하는 것도 쉽지 않습니다.

또한 영어 대화의 시간이 많아지면 특정 시간이나 상황 등을 정해놓고 하게 됩니다. 그래서 이때의 대화는 상당히 반복적이며 제한된 어휘를 가지고 진행되게 됩니다.

예를 들어 저의 경우 한동안 아이와 기상 후 등원 전까지, 대략 7시 반부터 9시 반까지 영어로 말했는데요. 그때 아이와 주고받는 대화는 예상하듯 반복적인 부분이 많아요.

아침 시간에 아이와 한국어 대신 완전하지 않더라도 영어로 대화를 주고받았다고 해서 아이의 한국어 습득 기회가 많이 박탈될까요? 저는 그렇지 않다고 생각합니다. 오히려 고급 어휘와 복잡한 표현들도 들려줄 기회인 그림책 읽기나 기관에서의 생활이 한국어가 아닌 영어로 대체된다면 그게 더 아깝죠.

한국어가 월등하게 편한 부모라면, 바이링구얼 육아가 아이의 언어에 어떤 식으로든 부정적인 영향을 미치기는 쉽지 않다는 것을 해보면서 느낄 겁니다. '원어민 수준으로 해야 한다더라'는 이야기는 시도해볼 엄두가 나지 않아서 일종의 핑계를 대고 싶은 경우 매력적으로 들릴 수 있으나 현실과는 거리가 있습니다.

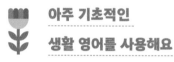

아주 기초적인
생활 영어를 사용해요

질적인 측면에서 '내 언어가 불완전해서 아이의 영어가 나빠지지 않을까' 하는 걱정도 당연히 있을 수 있습니다. 하지만 영어를 유창하게 하는 부모만이 아이에게 좋은 언어를 들려줄 수 있는 것은 아닙니다. (부모가 말하는 능력이 뛰어나서 아이에게 한국어를 가르치는 게 아니니까요!) 그리고 본인의 언어 수준을 높이려는 부모의 노력이 있다면 누구나 가능해요. 지금 당장도 짧지만 완전한 영어를 할 수 있어요.

"Come here!", "Sit up!", "Water?"

이런 간단한 영어는 소위 원어민들도 사용하는 말이죠.

아이와의 대화는 아주 기초적인 생활 언어의 영역입니다. 부모와 아이가 모두 영어 초보일 수 있지만, 부모는 인지 능력이 훨씬 뛰어난 성인이므로 강의를 비롯한 다양한 자료를 통해서 아이보다 훨씬 빨리 영어를 배울 수 있어요. 처음에는 '하루에 영어 한 문장 말하기'로 시작해서 점차 실력이 쌓이는 만큼 다양한 문장을 아이에게 전달해줄 수도 있을 거예요.

크리스틴 저니건Christin Jernigan 박사의 저서 『가족 언어 학습Family Language Learning』에서는 외국어가 능숙하지 못한 부모가 어떻게 아이에게 외국어를 알려줄 줄 수 있는지 보여줍니다. 외국어 교육 분야에 박사 학위가 있으며 대학에서 외국어를 가르치는 저자는 능숙하지 않은 포르투갈어를 배우면서 아이에게 직접 언어를 노출해준 경험을 바탕으로 다양한 노하우를 알려줘요.(아쉽게도 번역본은 없어요)

저자도 처음에는 자신이 못하는 외국어를 아이에게 들려준다고 했을 때 주변의 비아냥거림, 의심, 비판을 감수해야 했다고 합니다. 그렇지만 언어 교육에 몸담고 있는 사람으로서, 부모가 먼저 배우면서 한 발 앞서 나가면 얼마든지 아이에게 가르쳐줄 수 있다고 생각했대요. 무엇보다 아이에게 다른 언어를 소개해주면 단순히 외국어 스킬을 터득하는 것 외에 여러 가지 장점이 있다는 것을 알았기에 자신의 결정을 그대로 밀고 나갔죠. 이 책에서 가장 인상 깊었던 말을 소개합니다.

"수학 전공자가 아닌 부모도 아이에게 숫자 세는 법은 가르쳐줄 수 있다."[43]

전공자가 아닌 부모가 아이에게 어려운 수학을 가르치려 한다면 문제가 될 수 있겠지만, '1부터 100까지 숫자 세기' 혹은 '1+1=2'와 같은 사칙연산을 틀리게 가르치는 부모는 많지 않을 거예요.

언어 역시 마찬가지입니다. 부모가 외국어로 프리토킹이 가능해야만 직접 노출시켜줄 수 있는 건 아니에요. 아이가 아직 모든 언어의 수준 자체가 낮은 만큼, 아주 기초적인 부분부터 시작할 수 있어요.

저니건 박사는 「바이링구얼 패밀리 The Bilingual Family」라는 뉴스레터에서 이렇게 말했습니다. "나는 「제한적인 외국어 노출의 메타언어적 이점」이라는 논문을 쓴 그렉 옐랜드Greg Yelland 박사의 다음과 같은 말에, 비로소 아이에게 능숙하지 않은 포르투갈어로 말할 수 있는 용기를 얻었다.[44]

"내가 언어에 능숙하지 않으니까 이 언어를 아이에게 가르쳐서는 안 된다고 하는 것은, 화가가 아니니까 아이와 미술놀이를 해서는 안 된다고 하는 것만큼이나 이상하다. 부모들은 아이가 문법적으로 틀린 말을 하게 될까 걱정한다. 그럼에도 불구하고 어른들의 모국어를 잘 들어보면 오류로 가득 차 있다. 그렇다면 우리는 문법적으로 틀린 말을 하므로, 아예 말을 하지 말아야 할까?"

물론 부모가 쉬운 말 위주로 시작해서 언어 수준을 높여나가더라도, 가끔 틀린 말을 할 수도 있습니다. 하지만 개의치 마세요. 오히려 틀린 말이라도 아무렇지 않게 내뱉는 모습을 아이에게 보여주세요. '틀려도 뭐? 괜찮아'라는 마음가짐이 언어를 잘 배우게 하는 핵심 중의 핵심 자세니까요. 이런 건 학원에서 가르쳐주지 않아요.

　　그런 마인드셋을 가졌다고 해서 일부러 틀린 말을 하려고 하는 아이로 자라는 건 당연히 아니겠죠. 처음에 완전한 언어를 이식받지 않더라도 아이는 언어에 대한 자세와 긍정적 정서를 배울 거예요. 아이는 자라면서 영어 책도 접하고, 영상물도 보고, 음악도 들으면서 다른 사람들의 영어를 접할 기회가 무궁무진합니다. 그 과정에서 아이의 언어는 완성되어갈 거예요.

　　언어는 다 쓰인 책에서 꺼내 쓰는 게 아니예요. 언어는 계속해서 변합니다. 우리가 쓰는 한국어도 계속해서 변하잖아요. 엄마 아빠의 진한 사투리를 배우고 자랐더라도, 커가면서 표준어를 구사할 수도 있고, 엄마 아빠는 알지도 못하는 단어나 표현법도 사용하게 되죠.

　　아직도 의구심을 버리지 못한 부모들을 위해, 이 주제에 대한 이중언어 학자들의 말도 들어볼게요. 이중언어 육아에 대한 실용적 학술서인 『바이링구얼 에지 _The Bilingual Edge_』에서는 외국어에 능숙한 바이링구얼인 부모 혹은 각각 다른 모국어를 사용하는 국제결혼 가정의 부모만 바이링구얼 아이로 키울 수 있는 것은 아니라고 말했습니다.

모국어든 외국어든, 부모가 가끔씩 불완전한 문장을 말한다고 해서 아이가 손상된 언어를 습득하게 되지 않는다는 겁니다.(물론 '항상' 똑같은 방식으로 틀리게 말한다면 그 언어를 배우게 되겠지요.)

실제 성인의 말을 녹음해서 분석한 한 연구에서는, 성인이 모국어를 말할 때도 문법과 발음상의 오류가 많다는 결론을 내렸어요. 켄달 킹Kendall King 박사는 외국어를 할 때 어른이나 아이나 '단순화된 문장', '문법 밖의 문장'을 많이 말하게 된다고 말합니다. 완벽한 문장이 아니라 특정 단어만 언급하는 경우도 많다는 것이죠.

그렇다고 해서 이러한 불완전한 언어가 아이의 언어 습득을 방해하지는 않습니다. 아이는 듣는 언어를 스펀지처럼 '그대로 흡수'하는 것이 아니라, 나름의 '이해하는 과정'을 거치기 때문입니다. 아이가 외국어를 배울 때 중요한 것은 완전하고 완벽한 문장을 듣는 것이 아니라, 의미 있는 상호작용이 이루어지는지 여부입니다.

"외국어 능력이 제한적인 부모라 할지라도, 아이와 외국어로 소통하며 중요한 언어 인풋을 제공해줄 수 있다. 외국어를 파편화된 단어나 문구 수준으로만 알고 있는 부모라고 하더라도 어린아이에게 외국어로 말해줄 수 있다. 어린아이들은 사람의 목소리 자체를 좋아한다. 하나의 언어를 들려주는 것은 아이를 달래주거나 놀아주는 것만큼이나 좋은 활동이 될 수 있다.

예를 들어, 한 부모는 영어를 몰랐지만 'nursery rhymes(라임이 있는 어린이용 시)'를 배워서 들려주었다. 또 다른 부모는 아이와 계단을 오르내릴 때마다 스페인어로 '하나, 둘, 셋'을 세어줬다. 아이와 까꿍놀이를 외국어로 해줄 수도 있다. 이러한 활동들은 실제 생활에 의미 있게 연결될 수 있는 언어 자극을 줄 수 있는 방법이다."

한편 콜린 베이커Colin Baker 박사의 저서 『부모와 교사를 위한 바이링구얼 가이드A Parents' and Teachers' Guide to Bilingualism』에서는 "내 외국어가 불완전한 상황에서 아이에게 외국어로 말해줘도 될까?"라는 질문에 대해 이렇게 답합니다.

"당신의 실력이 부족하다면 연습을 통해 배워나갈 수 있다. 어린 아이에게 사용하는 언어는 쉽고 간단하므로 틀릴 가능성이 더 적다. 그러므로 아이가 아직 어리다면 대부분 약간의 훈련으로 해당 언어에서 '훌륭한 모델'이 될 수 있으며, 아이가 성장함에 따라 당신의 실력 역시 훈련을 통해 함께 성장할 수 있을 것이다. 아이들에게 다양한 언어 인풋을 주기 위해 이야기, 노래, 시 등을 충분히 활용하자."

부모의 영어는
원어민 영어에 비해 열등하다?

한국에서는 부모가 아이에게 주도적으로 영어를 노출시켜주는 것을
'엄마표/아빠표 영어'라고 부릅니다. 하지만 '엄마표/아빠표'라는 말
이 유난스럽게 느껴지기도 하고, 직접 해볼 엄두가 나지 않아 일찌감
치 마음을 닫는 경우도 많아요.

영어를 '교육'이라는 관점에서 높은 기대치와 욕심을 가지고 접
근하지는 않았으면 좋겠어요. 그렇게 되면 부모는 '교육자'가 되어야
하고, 그만큼 완벽해져야 하거든요. 고등학교 수학 선생님은 적어도
고등학생 수준의 수학은 완벽히 해낼 것이라는 기대를 받는 것처럼
말이죠.

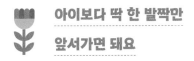

아이보다 딱 한 발짝만 앞서가면 돼요

'엄마표'라는 딱지에 많은 부모들이 부담을 느끼는 이유는 '완벽'해야 한다고 생각하기 때문이에요. 엄마가 완벽하게 준비해준 미술 시간, 엄마가 원어민 수준으로 도달한 뒤 말해주는 영어회화…. 벌써 괴리감이 느껴지잖아요. 별세계 이야기 같죠.

'아이와 함께 성장해가는 부모'와 같은 관점으로 바라보면 어떨까요? 아이에게 완벽한 영어를 전수해줘야 한다는 부담감보다는, 영어로 소통하는 경험부터 일단 공유하는 거예요. 그 과정에서 아이도 부모도 '우리가 영어라는 새로운 언어로 소통할 수 있구나' 하는 즐거운 경험을 공유하며 한발짝 한발짝 성장해나갑니다.

"Breakfast Time! Come here!"(아침 먹을 시간이야! 이리 와!)

이렇게 일상 속 한 문장은 내일 당장 써볼 수 있어요. 'the' break-fast time인지 'a' breakfast time인지, 아니면 그냥 'breakfast time' 인지 모르겠다고요? 그냥 "Breakfast time!"이라고 해보세요. 전혀 이상하지도 않고 틀린 것도 아니에요.

문법이 궁금하면 어떻게 말하는지 적어놨다가 챗GPT한테 물어보면 되죠. 그 과정에서 부모의 언어 실력도 향상되어요. 봉고차를 영어로 뭐라 해야 하는지 몰라서 말을 못 해줬나요? 어렵게 생각하지 말고 'big car'라고 말해주면 어떨까요? 그리고 나중에 다시 한번 찾아보면 알게 되죠.

'아, 저런 차는 앞으로 "밴van"이라고 하면 되겠구나.'

저니건 박사는 작은 포르투갈어 사전을 항상 가까이에 두었다고 해요. 아이가 어릴 때는 본인 참고용으로 쓰고, 아이가 좀 더 컸을 때는 모르는 단어가 있을 때 함께 사전을 찾아보았죠. 아이와 예문을 읽거나 다른 단어들의 뜻도 함께 찾아보며 유익한 시간을 보냈다고 해요.(저도 다미가 좀 더 크면 영어 사전을 하나 사고 싶어지네요.)

영어 노출에서 부모가 모든 단어를 다 알 필요도 없고, 아이가 고급 어휘를 구사할 필요도 없어요. 다양한 어휘는 나중에도 충분히 배울 수 있기 때문이에요. 반드시 아이가 영어로 수업을 들을 수 있을 정도의 수준으로 노출을 해주어야 하는 것도 아니에요.

'이 세상에는 하나의 언어만 있는 것이 아니구나', '하나의 대상을 여러 개의 언어 체계로 설명할 수 있구나', '이 언어는 한국어와 달리 이런 구조로 이루어지는구나' 하고 언어에 대한 감을 익힐 수만 있다면 그것만으로도 큰 성공이에요.

아이와 작은 프로젝트를 하나 진행한다고 생각해보세요. 일상 생활에서 영어를 조금씩 사용하는 연습을 하며, 부모와 아이가 함께 외국어 수준을 조금씩 높여가는 거예요. 그러면 '영어 노출'에 좀 더 편하게 접근할 수 있어요.

처음부터 너무 어려운 말까지 완벽하게 해주려고 하기보다 확실하게 해줄 수 있는 기초적인 말부터 하나하나 시도해보는 것을 추천해요. 직접 실천할 수 있는 문장들을 이 책의 후반부에 소개한 이유도 바로 이런 생각 때문이에요.

바이링구얼에 대한 환상을 버리세요

에오윈 크리스필드Eowyn Crisfield는 교육자와 부모를 대상으로 이중언어 환경에 대한 컨설팅을 해주는 회사의 대표이자 언어학 석사 학위를 소지하고 있는데요. 그는 한 온라인 세미나에서, 한 학자의 견해를 따라 바이링구얼리즘을 이렇게 정의했습니다.[45]

"바이링구얼리즘은 두 개의 언어를 특정 맥락에서 특정 목적을 가지고 이해하고 활용할 수 있는 능력이다."[46]

다시 말하면 바이링구얼은 '원어민 수준으로, 유창하게, 완벽하게…'와 같은 의미가 아니라는 뜻이에요. 이 정의에 의하면 저 역시 바이링구얼, 트라이링구얼이라고 지칭할 수 있을 정도예요.(모두 자신감을 가져도 됩니다.)

실제 바이링구얼인 것으로 여겨지는 어른들의 언어 구사 방식을 각각 잘 들여다보면 상당한 차이가 있습니다. 두 언어 모두 학술적인 수준으로 완벽히 구사하는 사람도 간혹 있죠. 또 한 언어는 일상생활 영역에서 대체로 잘 구사하지만, 학교 수업을 듣거나 비즈니스에 활용하는 영역까지는 어려워하는 사람도 있어요.

이처럼 영어를 구사하는 형태는 무척 다양해요. 사실 보통 사람들은 단순히, '발음이 얼마나 그 나라 현지인에 가깝냐'라는 아주 단편적인 기준만 가지고 판단해버리는 경우가 많아서 다 똑같이 유창해 보일 수 있지만요.

한국에서만 살아온 대부분의 모노링구얼 부모들은 바이링구얼이라고 하면 두 언어 모두 완벽하게 구사할 수 있다는 환상을 가진 경우가 많아요. 하지만 실제로 이런 경우는 상당히 드물어요.

아이에게 바이링구얼 환경을 만들어주는 것도 이런 관점에서 생각해볼 필요가 있어요. 두 언어를 모두 '원어민처럼', '자유자재로' 사용할 수 있게 해줘야 한다는 집착을 버리고 현실적인 목표와 기대 수준을 설정하는 것이 중요합니다.

원어민 발음이 아니어도
상관없어요

아이에게 자연스럽게 외국어를 노출시키는 과정에서 아이가 그 언어를 받아들이는 첫 번째 단계는 말소리를 듣는 것입니다. 처음에 그 언어가 상징하는 대상이 무엇인지 이해하지 못하는 단계에서도, 아이들은 말소리를 들으면서 그 소리에 대한 통계적 정보를 뇌에 입력하게 돼요.

예를 들어 어떤 소리끼리 같이 나오는 경향이 있는지, 주로 문장의 끝에만 나오는 소리는 무엇인지 등 규칙들을 저장하는 일종의 '언어 패치'가 진행되죠.

언어 패치가 진행되고 나면, 해당 언어를 들었을 때 뇌의 뉴런이 더 민감하게 반응합니다. 연속적인 말소리를 단어 단위로 끊거나, 익숙하게 들은 단어는 더 빨리 처리하는 등 효율적으로 언어를 습득할 수 있는 기반이 생깁니다.

언어 패치가 부모의 말을 통해 만들어진다고 할 때, 물론 아이가 앞으로 듣게 될 영어의 표준에 가까운 발음과 억양으로 들려줄수록 좋긴 하겠죠. 하지만 현실적으로 어려운 상황이라면 처음부터 아예 노출을 하지 않는 게 좋을까요?

아닙니다. 부모의 영어 발음이 원어민과 다르다고 해서, 아이가 영어를 못하게 되거나 원어민이 하는 말을 못 알아듣게 되거나 혼란을 겪지 않아요.

대표적인 예로 인도나 싱가폴, 필리핀에서 자란 아이들은 현지화된 발음으로 영어를 들어왔고 자신도 그렇게 영어를 하지만, 원어민과 의사소통이 전혀 어렵지 않습니다. 원어민의 영어를 듣고 혼란스러워하지도 않죠.

아무리 부모가 영어를 말해줄 때 특정 발음이 한국어화된다 할지라도, 그 언어 자체의 발음적인 특성과 통계들은 상당 부분 유지될 수밖에 없어요. 부모의 말소리와, 영상 등 각종 매체에서 들리는 영어, 커가면서 다른 어른들이 들려주는 영어를 통해 아이들은 공통점을 찾아내고, 자신의 영어 모델을 끊임없이 다시 업데이트할 것입니다.

부모가 한국어스러운 발음으로 영어를 하면, 아이가 들었을 때 한국어와 영어가 구분이 될까 걱정될 수도 있을 거예요. 누가 들어도 한국어처럼 들리는 영어라면 아이들도 헷갈릴 수 있겠죠.

그러나 한국어와 영어는 체계 자체가 다릅니다. 아이들이 발음만 가지고 언어를 구분해내는 것은 아니예요. 아기들은 아주 어릴 때부터 각 언어의 차이를 놀랍게 잘 구분해낸다는 연구 결과들이 있습니다.

한 연구에서는 4개월밖에 되지 않은 아기들에게 15분 동안 처음 듣는 외국어 문장들을 들려줬어요.[47] 예를 들면 미국인 아기에게 "엄마가 노래한다", "아빠가 노래할 줄 안다" 등의 한국어 문장을 들려준 것이죠.

그러다가 아기에게 "엄마가 노래된다", "아빠가 노래할 안다" 등 문법적으로 틀린 말을 들려줬을 때 아이의 뇌파는 갑자기 달라졌다고 합니다. 15분 동안 처음 듣는 외국어 문장들을 들으면서 아이는 기본적인 문법 원칙들을 익혔고, 뭔가 틀렸음을 감지한 것이죠.

돌도 되지 않은 모노링구얼인 아기라도 모국어와 외국어를 잘 구분해낼 수 있습니다. 심지어 음소거를 한 상태에서도 입 모양을 보고 모국어와 외국어에 다르게 반응할 정도예요.

신생아 때부터 꾸준히 두 언어에 노출된 바이링구얼인 아기들도, 4개월 즈음에는 평소 듣던 두 언어를 구분해서 인식할 수 있어요. 스페인어와 카탈루냐어(스페인 카탈루냐 지방에서 사용하는 언어로, 스페인어와 리듬감이 유사함)처럼 리듬감이 유사한 두 언어일 때도 성공적으로 잘 구분해낸다고 합니다.[48]

즉 아기들은 이 세상에 나와, 인간이 가진 가장 강력한 도구 중 하나인 언어를 적극적으로 배울 만반의 준비가 되어 있습니다. 아기들의 언어 습득 능력을 가볍게 보면 안 돼요.

어른들은 '아기들이 두 언어를 들으면 헷갈릴 것 같은데?'라고 쉽게 판단해버립니다. 그러나 많은 연구 결과는 아기가 어른들이 생각하는 것보다 훨씬 언어에 뛰어나다는 증거를 제시합니다. 아기는 각 언어의 고유한 특징들을 잘 이해하고, 어떤 말소리를 들었을 때 이게 어떤 언어인지 즉각 파악할 수 있다는 것이죠.

필리핀식 영어를 들어본 적 있나요? 필리핀에서는 영어가 상당히 대중적으로 쓰입니다. 그렇기 때문에 필리핀의 언어인 타갈로그와 영어를 함께 구사하는 바이링구얼인 사람이 많아요. 그래서 많은 학생이 필리핀으로 어학연수를 가기도 하죠.

필리핀의 영어 교육자들은 원어에 더 가깝게 발음하지만, 일반 사람들의 영어 발음은 타갈로그의 발음과 상당히 닮아 있습니다. 그렇지만 어린아이들도 타갈로그와 '타갈로그스러운 영어'를 잘 구분해서 이 해할 수 있어요. 이런 영어만 들으며 자란 아이들도 성공적인 바이링구얼로 자라날 수 있죠.

그러니 우리 아이가 '한국어스러운 영어'를 들으며 영어를 배웠다고 해서, 아이의 영어에 뭔가 하자가 생길 것이라는 걱정은 접어두세요.

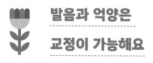

발음과 억양은
교정이 가능해요

아이가 발음이나 억양이 한국어스러운 영어만을 듣고 자라 영어를 말하기 시작한다면, 당연히 부모와 유사하게 소리내게 될 것입니다.

아이가 어떤 발음을 만들어내는 과정은 다음과 같습니다.

일단 생애 초기에 말소리를 많이 들으면서 뇌에 그 언어의 소리를 처리하는 지도를 만듭니다. 그리고 혼자서 옹알이를 하며 이런저런 소리를 내봅니다. 특히 말을 시작하기 직전 시기에 더욱 시끄럽죠.

그러다가 머릿속에 있는 그 발음대로 말소리가 나면 '아! 이렇게 하는 거구나' 하고 그때 느낀 혀의 위치, 숨의 세기, 입의 모양 등을 기억하는 거예요. 그리고 다시 듣고 말하며 확인하는 과정을 반복하면서 발음이 좀 더 정확해집니다.

따라서 부모의 영어만 듣고 자란 아이는 머릿속에 입력된 부모의 발음과 억양대로 따라갈 수밖에 없겠죠?

그렇지만 발음이나 억양은 한 번 굳어지면 교정이 불가능한 것은 아닙니다. 억양의 경우, 사투리를 쓰는 사람이 표준어를 익히지 못하는 건 아니라는 점에서 성인이 되어서도 얼마든지 바뀔 수 있어요.

발음이나 발성은 억양보다 조금 더 습관적으로 굳어지는데, 성인이 되어서도 충분히 트레이닝을 받으면 바뀔 수 있다는 연구 결과가 있고, 실제 경험담도 많습니다. 어른은 아이에 비해 '학습'을 통해 언어의 명시적인 규칙을 더 쉽게 배울 수 있거든요. 혀를 움직이는 방식을 익히는 식으로 충분히 교정이 가능하다는 것이죠.

또한 아이가 아주 어릴 때와 달리, 크면서 매체를 통해 언어를 더 정교하게 배우게 되는데요. 그렇기 때문에 정확한 발음에 노출될수록 자연스럽게 바뀌기도 해요.

만일 아이 본인이 발음이나 억양을 바꿀 의지가 없어서 바뀌지 않는다면? 그렇다 해도 그게 큰 문제일까요?

 ## 미국 영어, 영국 영어가
아니어도 괜찮아요

앞에서도 말했듯, 글로벌 시대에 반드시 '미국스러운 영어' '영국스러운 영어'만 지향할 필요도 없습니다. 다인종 국가인 미국이나, 여러 언어권 국가들 간의 교류가 활발한 유럽 등 영어의 주요 무대라고 생각되는 나라에서는 오히려 발음이나 억양을 그렇게 신경 쓰지 않는 경향이 있어요. 일부 이민자들에 대한 반감이 있는 사람들을 제외하고는요.

우리가 생각하는 미드나 영화에서 보이는 '원어민 간의 대화'는 전 세계 영어에서 4%밖에 차지하지 않을 정도로 통계적으로 '소수파'입니다. 더 이상 '주류'가 아니란 말이죠.

미국에서 나고 자란 원어민 같은 영어만 좋다고 생각하고, 수준 높은 영어를 구사하나 발음이 나쁘면 영어를 못한다고 평가하는 것은 점점 구시대적인 사고방식으로 여겨지고 있어요. 특히 글로벌 무대에서는요. 더 이상 영어는 영국 혹은 미국의 것이 아닙니다. 세계인의 것이죠.

그러므로 발음에 대한 우려 때문에 아이가 좀 더 쉽고 자연스럽게 영어에 노출될 수 있는 기회를 차단할 이유는 없습니다. 저는 싱가폴이나 필리핀 학생들이 발음이 원어민스럽지 않더라도 자유롭게 영어로 소통하고 해외에서 공부도 하고 일도 하는 것을 보았는데요. '발음이 뭐 저래'라는 생각이 들기보다는, 원어민 발음만 주구장창 들었어도 말 한마디 못하는 한국 학생들보다 훨씬 낫다는 생각이 들었습니다. 한국인스러운 영어에 너무 주눅들지 말았으면 해요.

결국 아이에게 이중언어 환경을 구성해주려고 할 때, 부모가 영어를 못한다는 사실이 생각보다 큰 장애물이 아닙니다. 하지만 바이링구얼 육아를 하는 게 쉽다는 뜻은 아닙니다. 부모의 영어 실력은 충분히 극복될 수 있어요. 다만 바이링구얼 육아는 치밀한 언어 계획과 헌신, 꾸준한 노력이 필요한 영역입니다. 그럼 어떻게 해야 바이링구얼 육아를 성공적으로 이어나갈 수 있을까요? 파트 2에서는 그 전략에 대해 알아보겠습니다.

PART

2

바이링구얼
육아 실천 전략
A to Z

CHAPTER 1.

바이링구얼 육아,
이렇게 준비해요

내 상황에 맞는
바이링구얼 육아를 하기 위해

여기까지 읽었다면 아이에게 살아 있는 진짜 언어로 영어를 소개해 주고 싶은 작은 불꽃이 마음에 생겼을 겁니다. 빨리 그 방법을 알고 싶어 조급할 거예요. 하지만 무작정 기름을 붓기 전에 잠깐 멈추고 다시 생각해봅시다.

우리가 이 불꽃을 몇 년 동안 예쁘게 잘 살려나갈 수 있을지 사전 점검하고 지속가능한 방식으로 만들어가기 위한 환경을 먼저 조성해야 합니다. 그렇지 않으면, 앞서 말했듯 바이링구얼 육아는 엄마표 영어 방식들 가운데 성공 가능성이 꽤나 높은 방법임에도, 실패할 확률 역시 높거든요.

저는 이 책을 구입한 모든 부모가 바이링구얼 육아를 수년간 꾸준히 실천했으면 좋겠어요. 그렇지 않고 책장에 꽂힌 이 책을 볼 때마다 "저 책에서 말하는 대로 못했어!" 하며 마음속 짐이 하나 늘어나게 된다면 정말 슬플 겁니다. 그건 정말로 제가 원하는 게 아니거든요.

우리는 현대인 중에서 가장 심각한 '타임 푸어time poor(시간이 늘 부족한 사람)'인, 미취학 아동을 둔 부모입니다. 많은 부모가 육아와 가사일 혹은 직장일을 병행하는 것을 버겁다고 느끼고, 저 또한 마찬가지입니다.

바이링구얼 육아 프로젝트를 시작한다는 것은 반복되고 다소 무료하게 느껴질 수 있는 육아 일상에 새로운 활력을 줍니다. 하지만 동시에 정신적, 시간적 리소스가 필요한 일이기도 합니다. 상황에 따라서는 감당하기 어려운 일이 될 수도 있어요.

내가 독박 육아를 해야만 하는 상황이라거나 아이가 둘 이상이라고 해서 바이링구얼 육아를 포기해야 한다는 말은 아닙니다. 여기서 필요한 건 메타인지 능력과 이에 따른 똑똑한 플래닝입니다.

메타인지 능력에 대해 알고 있나요? 한동안 교육계의 화두였고 지금도 많은 교육가들이 주목하고 있는 메타인지 능력이란, 내가 뭘 알고 뭘 모르는지, 뭘 잘하고 뭘 못하는지를 아는 것입니다. 즉 내 인지 능력에 대해 인지할 수 있는 상위 인지 능력을 뜻합니다.('인지'란 '알다'라는 뜻의 조금 어려운 단어입니다.)

어떤 학생은 공부를 할 때 자신의 능력 범위에 대해 잘 알고 있습니다. 문제집 한 장을 다 푸는 데 몇 분이 걸릴 것인지도 대략 예측할 수 있고, 어떤 과목이 내게 어렵고 그 이유는 무엇인지 잘 알고 있죠. 이런 학생은 메타인지 능력이 높은 것입니다. 메타인지 능력이 높은 학생은 무턱대고 공부하기보다 학습 계획을 잘 짜고, 필요한 부분에 적절히 리소스를 분배할 수 있어, 장기적으로 학업 성취도가 높습니다.

메타인지 능력은 공부뿐 아니라 삶의 다양한 목적들을 효과적으로 달성해나가는 데도 필요한 능력입니다. 우리도 바이링구얼 육아를 시작하기 전에 메타인지 능력을 발휘해봅시다. 생각해보는 거예요. 나는 바이링구얼 육아를 끝까지 잘해나가기 위해 어떤 리소스가 필요한지 잘 알고 있는가? 부족한 리소스들을 어떻게 보완할지에 대한 계획이 잡혀 있는가? 이러한 것들을 고민하는 데 도움이 되는 전략을 이제부터 알려드릴게요.

바이링구얼 육아
우선순위 따져보기

우리 부모들은 시간이 늘 부족합니다. 시간이 부족할 때 중요한 것은 우선순위를 잘 따져보는 거예요. 육아라는 큰 그림에서 다른 원칙들까지 고려해 바이링구얼 육아의 우선순위를 한번 따져봅시다.

바이링구얼 육아는 육아의 대원칙이 아닙니다. 저는 『베싸육아』라는 책에서 0-4세 육아에서 가장 중요하고 굵직한 큰 대원칙 5가지를 제시했어요. 생애 초기에 집중하기, 반응 육아, 자율성 지지 육아, 구조 만들기 육아, 풍부한 언어 환경 조성하기가 그것이었습니다. 이 대원칙들이 '기본 사항'이라면, 바이링구얼 육아는 '선택 사항'입니다.

학교를 다니게 되면 모두가 배워야 하는 국어, 영어, 수학, 체육 등의 기본 과목이 있고, 컴퓨터라던가 제2외국어 같은 선택 과목이 있죠. 기본 과목을 잘 해야 좋은 대학에 갈 수 있는 이유는, 기본 과목이 한 사람의 지적인 능력을 더 잘 대변한다고 보기 때문입니다.

언어 활용 능력(국어), 논리적으로 사고하여 문제를 해결하는 능력(수학), 신체 건강과 체력(체육)이 잘 갖춰진 사람은 대학에서 요구하는 다양한 전공의 학업을 잘해나갈 수 있다고 보는 거죠. 반면 컴퓨터 능력이나 제2외국어 능력은 잘하면 좋지만 나중에 배워도 되고 학업에 꼭 필요한 건 아니죠. 그래서 국영수에 신경쓰지 않고 기타 과목에만 매달린다면 보통은 그리 현명한 선택이 아닙니다.

바이링구얼 육아도 마찬가지입니다. 미취학 아동들에게 있어 외국어나 바이링구얼 육아는 선택 사항이며, 기본 사항보다 우선순위가 떨어집니다. 내면이 단단하고, 정서가 안정되고, 자신감 있고, 자기 조절을 잘하고, 언어 지능이 뛰어난 아이를 키우는 것은 바이링구얼인 아이를 키우는 것보다 명백히 중요하죠.

그러므로 내가 지금 정신적, 시간적 여유가 부족해 기본 사항도 잘해내지 못하고 있다면, 그리고 바이링구얼 육아 프로젝트를 시작하는 게 기본 사항을 잘해내는 데 방해가 될 것 같다면, 이 프로젝트는 잠시 미뤄둬도 좋습니다. 이 책을 잘 보이는 곳에 꽂아두고 조금 더 여유가 될 때 펼쳐봐도 됩니다.

육아에 여유가 느껴지는 시점은 반드시 옵니다. 아이들은 하루가 다르게 전전두엽을 성장시키고 있고, 충동 억제를 하는 법, 욕구를 포기하고 엄마 말에 순응하는 법, 혼자서 밥을 먹고 옷을 입고 뒷정리를 하는 법을 날마다 열심히 배우고 있거든요.

바이링구얼 육아의 시작이 대원칙에 오히려 플러스가 되는 경우도 있습니다. 제가 만난 어떤 부모는 육아 일상에서 아이에게 영어로 몇 마디씩 건네보는 작은 변화가 육아에 큰 활력소가 되었다고 말합니다. 내적인 성취감을 느끼는 빈도가 적어질 수밖에 없는 육아 일상에서, 오랫동안 사용하지 않았던 영어를 사용하면서 재미를 느꼈다고 해요. 실력의 성장에 따른 즐거움도 느꼈고요. 아이를 잠시 맡기고 원어민과 영어로 회화 공부를 하는 나만의 시간을 가지면서 우울감이 해소되고 아이와 즐거운 상호작용도 많아졌다고 했죠.

부모들은 각자 성격과 처한 상황이 다 다릅니다. 바이링구얼 육아가 내 육아 대원칙에 득이 될지, 실이 될지는 아무도 모르는 일이죠. 플러스와 마이너스 요인들을 자가 판단을 해보세요. 아마 대부분 플러스와 마이너스 요인 둘 다 갖추었을 거예요.

자가 판단을 통해 바이링구얼 육아를 당분간 최소한으로만 할지(마이너스 요인만 있더라도 주말에 딱 10분씩 아이에게 영어를 들려줄 수 있습니다. 그게 바로 바이링구얼 육아의 묘미!) 아니면 영어 실력을 늘려나가면서 좀 더 높은 단계를 노려볼지 생각해보세요. 그러고 나서 다음 장을 읽으면 더 현실적으로 실천 가능한 액션 플랜을 세울 수 있을 거예요.

바이링구얼 육아, 마이너스일 수 있어요	바이링구얼 육아, 플러스일 수 있어요
완벽주의자라서, 뭔가를 처음부터 완벽하게 잘해내지 못하거나 아웃풋이 없으면 지속적으로 스트레스를 받아요	잘하지 못해도 괜찮아요, 뭐든 즐겁게 하는 게 중요하다고 생각해요
육아를 도와줄 사람이 없어요	배우자, 양가 부모님, 시터님 등 육아를 도와줄 사람이 있어요
영어를 못해서 실력 성장에 많은 리소스가 필요해요	영어를 잘해요
영어를 배우는 건 재미없어요	영어를 배우는 건 재미있어요
아이 때문에 하루종일 정신이 없어요	아이가 아주 어리거나 꽤 커서 육아가 조금 수월해요
가정 보육을 해요	기관 보육을 해요
가사와 집안일, 직장일을 다 해내느라 눈코 뜰 새가 없어요	가사 노동의 강도가 높지 않고 직장에 다니지 않아 개인 시간이 있어요
손이 많이 가는 아이가 여럿이에요	아이들에게 손이 많이 가지 않거나 외동이에요
성장과 성취를 이미 다른 데서 충분히 경험하고 있거나 그런 데 큰 욕심이 없어요	내적 성장과 성취에서 정신적 만족감을 느끼고, 육아하면서 그런 부분이 결핍되었다고 느껴요
잠 잘 시간도 모자라요	쓸데없이 쓰는 시간을 줄이면, 그래도 여유 시간이 있어요

시작하는
시기 정하기

앞서 논의했듯, 영유아기 영어 노출은 아이가 부모와 모국어로 소통하는 시간을 크게 줄이지 않는다면, 모국어 발달을 저해하지 않습니다. 바이링구얼 육아를 시작할 수 있는 시기는, 아기가 들으면서 해당 언어의 소리를 익히기 시작하는 임신기부터입니다.

하지만 현실적으로, 부모는 다양한 이유로 바이링구얼 육아 시작의 시기를 늦출 수도 있습니다. 그래도 괜찮아요. 아이와 영어로 소통하는 일은 언제든지 할 수 있습니다. 각 나이에 맞는 방법과 전략이 존재하기 때문에, 너무 조급하게 생각할 필요는 없습니다.

다만 제가 해보니 일찍 시작했을 때의 장점이 없지 않았습니다.

의사결정에 도움이 될 수 있도록 그 장점들을 소개하고자 해요. 각자의 상황을 함께 고려해서 시작 시기를 정하길 바라요.

 소리 변별력의 극대화

이미 설명했던 것처럼, 만 1세 이전에 시작하면 해당 언어의 소리 변별력을 갖추는 데 유리하다고 믿을 만한 근거들이 있습니다. 예를 들어, 만 1세 이전에 영어에 노출된 아이들은 같은 영어의 모음을 듣더라도 더 미세하게 구분합니다(예를 들어 'fill'과 'feel'의 차이를 더 잘 인지해요). 그에 비해 만 1세 이후에 영어에 노출된 아이들은 비슷한 소리들을 좀 더 뭉뚱그려서 하나의 소리로 인식할 가능성이 높습니다.

하지만 어떤 언어인지와 환경에 따라, 아이에 따라 만 1세라는 기준은 물론 변할 수 있으니 너무 맹신하진 말고 참고만 하세요. 만 1세가 지나더라도 해당 언어를 사용하는 국가로 이민을 간다거나 하는 식으로 해당 언어에 상당히 노출되었을 때 소리 변별력은 원어민 비슷한 수준으로 좋아질 수 있음을 시사하는 연구들이 있습니다.[49]

다만 만 1세 이전에는 아주 적은 노출만으로도 그게 가능합니다. 한국에 살면서 제한적으로만 영어 소리에 노출되는 어린 아이들의 상황을 고려하면 만 1세 이전에 영어의 소리를 아기에게 들려주는 것이 효율 면에서는 괜찮은 옵션이 될 수 있습니다.

자연스러운 습득

언어를 공부로 배울 때는 당연히 인지 능력이 높을수록 유리합니다. 초등학생보다 중학생이 더 빨리 배울 수 있고, 중학생보다 고등학생이 더 빨리 배울 수 있죠. 그런 측면에서 어린아이들에게 학습식 영어 수업을 하는 것은 부족한 엔진을 무리해서 사용하게 하는 것과 마찬가지입니다. 그다지 효율이 좋지 않아요.

어릴 때 영어를 가르쳐주면 좋다고 하는 건 학습이 아닌 '자연스러운 노출'을 통한 습득이 더 용이하기 때문입니다. 왜냐하면 어린아이들은 아직 '말을 완벽하게 이해하지 않아도 괜찮은' 세계를 살고 있기 때문이에요. 만약 한국어 스킬이 어느 정도 늘어서 대부분의 언어를 잘 이해할 수 있게 된 이후에 영어에 자연스럽게 노출시킨다면, 이해도가 훨씬 떨어지고 소통이 원활하지 않은 영어를 거부하게 될 가능성이 높아요.(물론 성격에 따라 거부하지 않는 아이들도 있겠지만요.)

그렇게 되면 이제 영어에 흥미를 가지게 하기 위해 아이의 언어 수준에 비해 아주 쉬운 말만 들려준다거나, 언어 외적으로 흥미 있는 요소가 있는 영상이나 게임 등 다른 도구의 도움을 많이 받아야 하겠죠. 물론 그렇게 하는 것도 방법입니다만, 말로 소통하며 얻어지는 바이링구얼 육아의 이점을 많이 포기해야 할 수도 있어요. 혹은 아이가 거부하는데도 억지로 하다가, 영어에 대한 흥미가 오히려 줄어들어 역효과가 날 수도 있습니다.

저는 다미가 18개월 정도였을 때부터 바이링구얼 육아를 시작했어요. 다미는 호불호가 확실하고 소통이 안 되는 것을 싫어하는 성격이지만, 당시에는 아직 한국어도 영어도 다 알아듣지 못하는 게 당연한 시기라, 제 영어도 자연스럽게 받아들여 주었습니다.

바이링구얼 육아가 그때부터 쭉 루틴하게 이어져왔기에, 지금도 한국어가 월등히 편하지만 제가 건네는 영어를 거부하는 일이 별로 없어요. 그림책 읽기나 영상물 시청 등은 영어로 많이 하지 않았는데, 그런 건 거부할 때가 있기는 합니다. 하지만 아이와 영어로 항상 소통할 수 있기 때문에, 영어 책이나 영상을 거부하는 게 그렇게 신경이 쓰이진 않아요.

또한 아이에게 자연스럽게 영어를 노출하는 것은 학습을 시키는 것보다 부모 입장에서도 훨씬 쉬워요. 한국 아이들이 전 세계적으로 가장 심각하게 노출되는 학습 스트레스를 경감해줄 수 있어요. 만성적 스트레스는 뇌 기능을 저하시키고 전반적 학습 효율을 떨어뜨립니다. 어릴 때 부모와 놀면서 쉽게 영어를 배우고, 나중에 학교에 다니면서 영어를 더 친숙하고 자신있게 대할 수 있다면 영어뿐 아니라 다른 전반적인 학업에도 유리해질 수 있는 것이죠.

두려움이 없는 마음

언어를 잘하는 사람이 어떤 사람인지 아세요? 남의 눈치 안 보고 틀려도 내뱉을 줄 아는 사람이 잘 합니다. 처음부터 완벽한 언어를 내뱉을 순 없잖아요. 틀린 말도 해보고, 이렇게 저렇게 실험해보면서 조금씩 성장하는 것이죠.

사람은 나이가 들수록 주변의 시선을 많이 신경쓰게 되고 내가 틀렸나, 맞았나를 신경쓰게 됩니다. 중학생이 되고 사춘기가 오면, 뇌가 변하면서 일생 중 가장 남의 눈치를 보는 시기가 찾아오죠. 이 시기 아이들을 데려다가 영어 스피킹을 시키는 것은 사실상 매우 어렵습니다. 틀릴까봐, 눈치를 보느라 마음이 편하지 않고, 입에서 잘 안 나오니까요.

그래서 어릴 때 영어에 노출되면 좋습니다. 완벽한 문장으로 모국어를 시작하는 아이, 본 적 없죠? 어린아이들은 자신의 실수에 관대하며 많은 실험을 할 수 있는 정신 상태를 지니고 있습니다. 영어를 할 때도 마찬가지입니다. 잘 몰라도, 발음이 이상해도, 아무렇지 않게 내뱉어보고, 들은 대로 따라해보고, 그렇게 영어로 말해볼 수 있어요.

영어로 말도 안 되는 말이라도 내뱉은 아기 앞에서 부모의 표정은 또 얼마나 환해지는지요!(아이가 중학생 때도 이럴 수 있다면 참 좋을 텐데 말이에요.) 영어로 말한 것에 대한 긍정적인 부모의 반응은, 아이의 동기에 불을 붙여, 영어로 또 말해보고 싶게 만듭니다.

지금까지는 영어 스피킹이 한국 영어 교육 시스템에서 그리 중요한 위치를 차지하지 않았지만, 앞으로 영어 교육의 방향성도 많이 바뀔 것입니다. 문법만 달달 외워서 말 한마디 못하는 한국식 영어 교육에 대한 비판은 오랫동안 있어왔고요. 인공지능이 도입되고 로봇과 대화하며 손쉽게 스피킹을 평가할 수 있는 날도 머지 않았죠. 어릴 때부터 부모와 영어로 소통한 아이들, 앞으로 교육 현장에서도 빛을 발할 거예요.

CHAPTER 2.

영어 노출
세부 전략 세우기

효과적인
영어 노출의 원리

시기에 대해 의사 결정을 내렸다면, 세부 전략을 짜기 전에 어떤 영어 노출이 효과적인지, 큰 원리부터 이해하고 넘어갑시다. 이 원리는 영어나 한국어 모두 동일하게 적용되는 언어 습득의 원리입니다.

어떤 언어를 성공적으로 배우기 위해서는, 단순히 아이의 귀에 해당 언어의 소리가 도달하는 것 이상이 필요합니다. 언어를 성공적으로 배우기 위해서는 해당 언어가 배우는 사람에게 '의미 있는' 것이어야 합니다. 예를 들어 환승을 위해 잠시 들른 두바이 공항에서 귀에 들려오는 아랍어는 우리에게 아무 의미가 없죠. 그게 아랍어 습득에 도움이 되지도 않습니다.

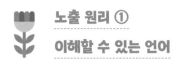

노출 원리 ①
이해할 수 있는 언어

두바이 공항에서 우리 귀에 들리는 아랍어가 우리에게 의미 없는 이유는 2가지입니다. 첫째, 이해할 수 없는 언어 입력이기 때문입니다. 외국어 습득에 대해 깊이 있게 연구하고 이 분야에서 세계적인 족적을 남긴 언어학자 스티븐 크라센Stephen Krashen은 성공적인 언어 습득을 위해서는 '이해할 수 있는 입력comprehensible input'이 충분해야 한다고 거듭 강조했습니다. 아이는 언어를 들었을 때 그 언어에 담긴 메시지의 뜻을 어떠한 방식으로든 유추할 수 있어야 합니다.

예를 들어볼게요. 영어로 된 그림책을 읽는데, 곰돌이가 문 앞에 우두커니 서 있는 그림이 있습니다. 아이에게 영어로 "The bear wants to go outside(곰은 밖에 나가고 싶어)"라고 말해주었다고 해보죠.

영어를 전혀 이해하지 못하는 아이라면, 곰돌이가 서 있는 그림을 보고 '곰이 밖으로 나가고 싶다'는 의미로 연결하기 어려울 거예요. 이런 경우 영어 문장은 아이에게 별 의미 없는 말이 될 가능성이 높습니다.

그런데 사과가 나무에서 뚝 떨어지는 그림을 보여주며 "An apple is falling from the tree(사과가 나무에서 떨어지네)"라고 말해준다면 어떨까요? 이건 그림이 상징하는 바를 직관적으로 표현하는 문장이기 때문에 아이에게 의미 있는 문장이 됩니다. 이러한 상황에서 언어 습득이 더 잘 일어나요.

일상생활에서도 마찬가지예요. 엄마가 아무 말이나 한국어 혹은 영어로 줄줄 말한다고 아이에게 의미 있는 배움이 일어나는 건 아니에요. 아동을 대하는 어른은 무의식적으로, 언어가 아이에게 의미 있는 입력이 되도록 말합니다. 언어 수준을 쉽게 하고, 천천히 말하고,

다양한 사회적 신호를 곁들여요.

어른에게 말하듯 "우리 편의점 가서 우유 사 먹을까?"라고 말하기보다는, 외투를 들고 현관문을 가리키며, 뭔가를 먹는 제스쳐도 곁들이며, 더 또렷하고 천천히 "나갈까? 나가서 맘마 먹을까?"라고 아이에게 말하죠. 이러한 종류의 사회적 장치가 더해질 때 아이는 부모의 말이 의미하는 바를 더 잘 추측할 수 있습니다. 이처럼 아이의 언어 습득에 맞춤화된 부모의 말을 '아동지향어child-directed speech'라고 합니다.

계단을 올라가면서 "Going upstairs(위층으로 가기)"라고 말해주거나, 비행기가 날아가는 것을 가리키면서 "Look, an airplane is flying across the sky(저길 봐, 비행기가 하늘을 날고 있어)"라고 말해주세요. 아이가 다양한 감각을 통해 받아들이는 대상과 상황이 귀에 들리는 말소리와 밀접하게 연결될 수 있어야만 의미 있는 언어로 입력됩니다.

하지만 계속 이렇게 힌트를 풍부하게 줄 필요는 없습니다. 아이가 성장하면서 해당 언어에 대한 어휘나 기초 문법 등의 지식이 늘어나게 될 테니까요. 그러면 다양한 상황과 언어 사이의 연결고리도 추리해낼 수 있게 되거든요. 이때 비로소 더 많은 언어 자극이 아이에게 의미 있게 받아들여집니다.

예를 들어 평소에 아이와 밖으로 나갈 때마다 "Let's go outside(밖에 나가자)"라고 말해주어 아이가 'go outside'의 의미를 알고 있다고 해보죠. 이때 앞의 곰돌이 그림을 보여주면서 "The bear wants to go outside(곰은 밖에 나가고 싶어)"라고 읽어주면 어떨까요?

'아, The bear는 이 곰돌이인가 보다. 밖으로 나가는 그림이 아닌 데 wants to는 뭐지? 아직 안 나간 건가? 나가고 싶은 건가?'

이렇게 아이는 이런저런 추리를 해볼 수 있을 거예요.

그러므로 어떤 언어가 아이에게 의미가 있는지는 아이의 언어 혹은 인지 수준에 따라서도 달라집니다. 언어가 아이에게 어떤 의미도 전달하지 못한다는 것은 아이가 그 언어 자극을 전혀 이해하지 못하고, 배우는 것도 없다는 뜻입니다.

들리는 언어 자극에서 의미를 찾기 힘들수록, 아이는 그 언어에 관심을 보이지 않고 적극적으로 언어를 듣거나 말하는 데 참여하지 않을 거예요. 특히 자신이 더 쉽게 사용할 수 있는 다른 언어가 있다면 더욱 그렇죠.

그러므로 아이와 생활 속에서 최대한 의미 있는(주어진 상황이나 대상과 연결 지을 수 있는) 적절한 난이도의 언어 자극을 제공해주어야 합니다. 그리고 책이나 영상 등 매체를 활용한다면, 그림을 직관적으로 잘 표현하고 난이도가 적절한 문장으로 구성된 것을 고르는 게 좋겠죠.

노출 원리 ②
유용한 언어

두바이 공항에서 들리는 아랍어가 우리에게 의미 없는 두 번째 이유
는 보통 아랍어가 우리에게 별로 유용한 언어가 아니기 때문입니다.
만약 우리가 두바이로 이사를 가서 1년 정도 살아야 하는 상황이라
면, 이야기는 조금 달라집니다. 살기 위해 아랍어를 익혀야 하겠죠.

공항에서 사람들이 주고받는 언어 중에는 "안녕하세요"라는 인
사나 모자 가게 주인의 "모자 사세요"라는 말처럼 상황을 통해 유추
해낼 수 있는 쉬운 말도 있을 것입니다. 그렇다면 우리는 좀더 유심히
힌트들을 찾아가며 해당 언어에 귀를 기울일 거고, 똑같은 상황에서
도 배우는 게 있을지도 몰라요.

아이들이 모국어를 배울 때에도 똑같은 일이 일어납니다. 어떤
부모는 아동지향어를 조금 덜 사용하고 비교적 어른에게 말하듯 아
이에게 말할 수도 있어요. 그런데 이런 가정에서조차 아이는 언어를
조금 늦게 습득할 수 있지만 여전히 언어를 습득해요. 왜냐하면 아이
는 부모가 하는 말의 의미를 알아내기 위해 몇년간 총력을 다하기 때
문입니다.

특히 돌 이전 아이들의 시선 추적 연구를 해보면, 시선이 말하는
사람의 입 주위에 많이 머무릅니다. 유심히 보는 거죠, 나도 저 말을

곧 해야 하니까, 어서 저 말을 배워서 부모와 소통하고 싶으니까요.

즉 사람은 언어를 사용할 때 어떤 이점, 즉 유용함을 느끼면 해당 언어의 입력에 주의를 더 기울이게 됩니다. 배우려는 동기도 높아져 더 쉽게 배울 수 있어요. 모국어는 아이에게 의미 있고 유용한 언어인 경우가 대부분이죠. 하지만 외국어는 그렇지 않은 경우가 더 많기 때문에 익히기가 더 어려운 것입니다.

어떤 언어가 아이에게 유용하지 않으면 아이는 그 언어를 듣는 것, 특히 말하는 것을 거부할 거예요. 물론 실제 유용하게 쓰는 모국어가 따로 있다는 전제하에서 말이죠. 그래서 부모가 모두 바이링구얼인 가정이나 국제 결혼 가정에서 아이를 바이링구얼로 키울 때 가장 효과적이라고 보는 전략은 '한 사람 한 언어' 전략입니다. 이것을 'OPOL One Person One Language'이라고도 해요.

예를 들어 아빠는 한국어만, 엄마는 영어만 말하는 식이죠. 이 전략이 바이링구얼 아이를 키우는 유일한 방법은 아니지만 효과는 가장 좋은 편입니다. 예를 들어 엄마가 영어만을 사용할 때, 아이는 엄마와 대화하기 위해서는 영어를 사용해야 한다고 생각하게 됩니다. 비록 엄마가 한국어를 안다는 사실을 인지하더라도 영어를 쓰는 게 룰이 될 수 있고, 그 결과 영어의 유용성은 높아져요. 엄마와 대화를 하는 것이 아이에게 중요하니까요.

반면 엄마가 영어와 한국어를 자주 번갈아가며 쓴다면 아이는 더 편한 한국어 위주로 사용하려고 하는 경향이 생길 거예요. 그래서 아이와 두 개 이상의 언어로 소통하려고 할 때는, 아이가 좀 덜 자신 있는 언어도 사용하고 싶게 만드는 동기와 해당 언어의 유용성을 높이기 위해 다양한 전략을 사용할 필요가 있습니다. OPOL은 물론 가장 좋은 해결책이지만, 대부분의 한국의 부모 입장에서 선택하기 어려운 전략이기도 하죠. 다른 전략들에 대해서는 뒤에서 더 자세히 알아보겠습니다.

노출 원리 ③
편안한 상태에서 듣는 언어

여러분, 영어가 편한가요? 아마 '나는 영어를 잘하지 못해서 편하지 않다'고 생각하는 사람이 많을 거예요. 그런데 어떤 사람들은 영어에 대한 지식이 많지 않아도 상당히 편하게 영어를 사용합니다. 어휘와 문법은 한국 정규 교육 과정을 받은 사람보다 훨씬 뒤떨어질지 몰라도 외국인과 상당한 정도의 소통을 할 수 있는, 태국의 한 시장에서 티셔츠를 파는 청년처럼요. 지식과 편하게 느끼는 정도는 반드시 비례하지는 않습니다.

저와 같은 세대의 한국인이라면 지식은 많지만 영어를 불편하게 느끼는 경우가 많습니다. 그리 편하지 않은 공간에서, 틀릴까 조마조마하는 마음으로 영어를 배웠기 때문이죠. 우리는 '틀리면 안 된다'는 기본적인 두려움을 갖고 영어를 배웠기 때문에, 말이 선뜻 나오지 않습니다. 문법적으로 맞는지, 머릿속에서 검토해보고 고른 다음에야 말을 할 수 있게 되죠. 그마저도 '발음이 나빠서…'라는 움츠러드는 생각 때문에, 완벽한 영어를 구사할 수 있으면서도 말을 못하는 사람도 많습니다.

어린아이들이 한국어를 배우는 과정을 보면, 이런 언어 습득 방식이 얼마나 잘못된 것인지를 알 수 있습니다. 아이들은 엄청나게 많은 실수를 하고, 그게 잘못되었다고 교정해주는 사람 없이 언어를 습득해가요. 편한 공간에서, 편한 사람과 소통하며, 편하게 배우죠.

외국어도 이와 비슷한 환경에서 더 잘 습득할 수 있습니다. 편한 마음으로, 틀렸다고 뭐라 하는 사람 없이, 편한 사람과 소통하면서요. 불안은 언어의 최대의 적입니다. 그런 점에서 레벨테스트와 한국어 소통 금지 규칙 등 아이들을 불안하게 하는 일부 어학원의 교습법에는 문제가 있죠.

긴장감과 불안감이 언어 습득에 큰 방해물이 된다는 것을 깨달은 불가리아의 심리학자 게오르기 로자노프Georgi Lozanov는, 딱딱한 책상을 치우고 편안한 소파와 바로크 음악을 틀어놓고 언어 습득의 효율성을 높이는 외국어 교수법을 창안하기도 했습니다.[50] 아이와 가장 편안한 공간에서 편안한 상대와 영어를 함께 탐색해가는 바이링구얼 육아에 대해 로자노프 박사가 알았더라면, 박수를 보냈을지도 모르겠네요.

단계별
목표 세우기

지금까지 사전 점검을 하고, 효과적인 언어 노출의 원리에 대한 배경 지식을 배웠습니다. 이제 우리 부모들이 바이링구얼 육아를 하며 앞으로 달성하고자 하는 수준의 목표를 정할 차례입니다. 한국 부모들의 환경을 고려해 3단계로 나눠보았어요.

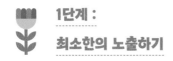

1단계 :
최소한의 노출하기

아이에게 가장 미니멀한 수준으로 영어를 노출시키는 것을 1단계라고 부를게요. 바이링구얼 육아의 핵심인 대화는 무조건 포함됩니다. 하지만 부모가 여력이 되지 않아 영어 수준을 높이려는 노력을 따로 하지 않고, 한두 마디 정도만 반복해서 일상에서 활용해요. 대신 영어 그림책을 읽어주거나 영어 노래를 함께 부르거나 영상을 보여주는 정도로 영어 노출을 보충할 수 있습니다.

이처럼 제한적인 노출을 할 경우에 아이의 영어 수준, 즉 영어를 이해하고 말하는 능력이 크게 성장하지는 않을 수도 있습니다. 하지만 영어와의 첫만남을 '소통'으로 시작함으로써, 영어에 대한 긍정적인 정서 형성이라는 바이링구얼의 장점을 누릴 수 있어요.

앞서 이야기한 '소리 변별력'은 어떨까요? 제한적인 노출인 경우에 대해 연구된 바가 없어 단정할 수는 없지만, 어느 정도 이점이 있는 것으로 보입니다. 이중언어학자인 켄달 킹 박사와 앨리슨 맥키Alison Mackey 박사가 공동 집필한 책 『바이링구얼 에지』에서는 일주일에 한 시간의 외국어 노출만으로도 의미 있는 외국어 소리 패턴의 학습 과정이 일어날 수 있다는, 즉 소리 변별력과 듣는 귀를 키울 수 있다는 연구 결과를 보여주었어요. 그러면서 정말 제한적인 수준의 노출이라 할지라도 꾸준히 해준다면 아이가 그 언어를 듣는 귀를 유지할 수 있다고 언급합니다.

또한 아이의 기질에 따라 달라지긴 하지만, 어떤 아이들의 경우 1단계 노출만으로도 스스로 영어에 대해 흥미를 가지게 되는 계기가 되어, 적극적으로 인풋을 찾아 습득하는 모습을 보이기도 합니다. 이건 아이에게 영어를 노출하는 특별한 방법이 있어서라기보다, 개인차로 보여요.

예를 들면 제 조카가 이런 케이스인데요. 조카는 지적 호기심이 강한 편인데, (제 언니인) 엄마는 영어 강사였지만 아이에게 특별히 영어 교육을 해야겠다고 마음먹지는 않았습니다. 다만 일상 속에서 "Come here!(이리 와!)", "Stop that!(하지 마!)" 등 간단한 지시사항을 종종 영어로 들려주었고, 영어 그림책을 몇 권 읽어주는 정도였어요.

그런데 이 과정에서 아이는 한국어와 다른 영어의 체계 자체에 흥미를 느꼈고요. 한국어 책을 읽어주면 읽어주는 족족 '영어로도 다시 읽어달라'고 요청했습니다. 그래서 언니는 한국어 책을 한 번 읽어주고, 바로 영작을 해서 다시 한 번 읽어주느라 책 읽는 시간이 상당히 고역이었다는 하소연을 하더군요.(엄마가 영어 강사였기에 그나마 다행이었죠!)

물론 똑같이 영어를 노출하더라도 이렇게 행동하지 않는 아이들도 많을 것이므로, '그럴 수도 있다' 정도로만 생각하면 좋겠습니다.

육아 상황에 따라 1단계를 선택하는 것도 좋은 방법이 될 수 있습니다. 부모로서 표현 몇 개만 달달 외워놓고 반복되는 일상에서 사용해보는 거죠. 이는 최소한의 투자로 '듣는 귀'나 '영어에 대한 좋은 정서'를 쉽게 키워줄 수 있는, 가성비 좋은 방식이라고 생각해요.

✦ 1단계 바이링구얼 육아 주의점

다만 1단계를 채택할 때 주의했으면 하는 점이 있어요. 그건 영어 그림책과 영어 영상의 비중이 너무 높아지는 것을 경계할 필요가 있다는 것입니다. 1단계 바이링구얼 육아를 한다는 것은, 부모가 지속적으로 스스로의 영어 실력을 성장시키면서 아이에게 더 많은 영어 표현을 들려주고자 노력하지 않기로 결정했다는 것입니다.

그러다 보면 부모님들은 갈수록 아이에게 건네는 영어가 너무 반복적이라는 점을 깨닫게 될 것입니다. 그러면 조금 욕심이 나서, 영어 그림책이나 영어 영상 등 아이에게 새로운 영어 입력을 줄 수 있는 시간을 늘려나가게 되죠.

물론 그게 꼭 나쁘다는 것은 아닙니다. 아이와의 시간을 무엇으로 채울 것인지에는 정답이 없어요. 영어 그림책 읽기나 영어 영상 시청을 상당한 시간으로 하더라도 문제가 되지 않는 경우도 많죠.

하지만 아이의 시간은 유한합니다. 부모는 아이가 보내는 하루의 모양을 만들어갈 때, '부모표 영어', '책 육아' 등의 작은 목표에만 갇

히지 않고 큰 그림에서 볼 줄 알아야 합니다. 작은 하나하나에 집중하느라 미처 놓치게 되는 부분이 있을 수 있거든요.

영어 그림책을 읽는 데 많은 시간을 보내는 경우, 그 자체로 나쁘진 않아요. 하지만 결과적으로 한국어 그림책을 읽는 시간이 많이 뺏긴다는 점을 고민해봐야 합니다.

만약 영어 그림책도, 한국어 그림책도 많이 읽는다면, 앉아서 책을 읽는 시간 자체가 너무 길어질 수 있죠. 당연히 신체 활동이나 다른 창조적인 활동인 자유 놀이에 쓸 수 있는 시간이 줄어들고요.

아이와 한국어로 그림책을 읽는 시간은 전반적인 발달에 매우 유익합니다. 물론 영어로 그림책을 읽는 것도 유익하죠. 하지만 만약 일상에서 아이에게 영어로 말을 건네기 어려운 부모라면, 영어로 그림책을 읽을 때 텍스트만 읽어주게 되겠죠. 무언가 덧붙여 말하거나 질문을 던지는 '대화식 책 읽기'는 어려울 거예요.(대화식 책 읽기의 폭넓은 교육적 이점이 입증되었어요.)

그래서 대체로 영어로 그림책 읽기는 영어를 습득한다는 점을 제외하면, 한국어 그림책 읽기에 비해 큰 이점이 없습니다.

또 아이가 한국에 살면서 한국 교육을 받을 거라면, 고급 한국어 어휘와 세련된 표현을 아는 게 향후 학업의 기반이 됩니다. 한국어를 잘해야 국어뿐 아니라 수학도 과학도 잘할 수 있어요. 그래야 선생님이 하는 말도 더 잘 알아듣고 문제도 더 잘 이해할 수 있기 때문이죠.

그래서 한국어로 책 읽는 시간을 충분히 확보해두는 것이 더 중요합니다.

영어 그림책을 읽어주는 데 주력한다 할지라도 시간이 지나면서 한계에 부딪힐 가능성이 높습니다(물론 아이마다 개인차는 있습니다). 점점 아이의 한국어가 영어에 비해 월등히 향상될 것이기 때문이죠. 반복되는 일상 대화를 영어로 하는 것에 비해, 영어 책을 읽는 걸 아이가 더 거부할 가능성이 높습니다.

영어 영상 시청을 경계해야 하는 이유는 좀더 명백해요. 한국어든 영어든, 영상 시청이 아이의 삶에 있어 많은 부분을 차지하는 것이 발달상 좋지 않다는 것은 이미 많이들 알 것입니다.

앞서 언급했듯, 어리면 어릴수록 영상이나 음원 등 미디어를 통해 언어가 습득되는 효과는 제한적이에요. 영어 습득의 효과가 있다 한들, 전반적인 발달의 측면에서 영상 시청은 어릴수록 최소화하는 것이 바람직합니다.

부모가 1대 1 육아를 하면서 잠깐씩 필요할 때 영상을 좀 활용하는 건 크게 문제가 되지 않는다고 봅니다. 하지만 어떤 특정한 목적을 가지고 영상을 의도적으로 보여주는 것은 지양해야 한다고 믿어요. 개인적으로는 아이가 30개월이 지난 후 일주일에 한 시간 정도로 영어 영상을 보여주기 시작했어요. 아이가 만 4.5세인 지금도 일주일에 세 시간은 넘어가지 않는 수준으로 영상을 보여주고 있습니다.

영어 그림책과 영어 영상에 초점을 두며 엄마표 영어를 하는 가정의 사례는 인터넷에서 쉽게 찾아볼 수 있습니다. 그 아이들의 영어 실력과 발달 수준을 보면 그 방식이 괜찮아 보인다는 생각을 하기 쉽죠.

하지만 겉으로 보이는 엄마표 영어 방식 외에, 양육 환경과 아이의 선천적 조건이 다 다르다는 것에 대해 한번쯤 생각해봐야 합니다.

예를 들어 그런 부모가 아이에게 영어 그림책을 하루 다섯 권 읽어준다고 말하면, 곧이곧대로 우리 아이에게도 하루 다섯 시간 읽어주면 될까요? 그 집에서는 그 두 배 이상으로 한국어 그림책을 읽어주고 있을지도 모릅니다. 혹은 부모가 아주 섬세하고 풍부한 모국어 언어 환경을 만들어주는 데 총력을 다하고 있을지도 모르죠. 반면 우리 집에서는 그게 어려울 수도 있습니다.

혹은 그 집 아이는 신체놀이 활동이 풍부하게 이루어지는 숲 어린이집에 아이를 보낼지도 몰라요. 반면 우리 집 아이는 신체 활동이 부족한 하루하루를 보내고 있을 수도 있죠. 그 집 아이는 선천적으로 언어 감각이 뛰어난 아이일 수도, 지적 호기심이 타고나게 뛰어난 아이일 수도 있습니다.

그런데 표면적으로 그 집의 엄마표 영어 방식을 따라하느라 아이와의 자유 놀이 시간, 책 읽기 시간, 신체 활동 시간을 포기하는 부모가 있습니다. 사실은 그런 시간이 장기적으로 아이의 발달에 더욱 유익한 것일 수도 있는데 말이지요. 그런 것은 '영어 아웃풋'에 비해 금방 드러나는 게 아니기 때문에 간과하기 쉽습니다.

그러므로 1단계를 하기로 마음먹었다면, 본인이 할 수 있는 선에서 쉬운 영어를 아이와 즐겁게 주고받는 데 집중하세요. 그리고 이것 하나만 염두에 두세요.

"그림책이나 영상, 음원 등 보조적인 수단의 비중이 너무 높아지지 않도록 조심하자!"

1단계 정도의 제한적인 노출을 하는 게 의미가 있긴 있을까? 이런 의구심이 드는 부모들을 위해, 『부모와 교사를 위한 바이링구얼 가이드』에 나오는 내용을 공유합니다.

"덜 발달된 언어도 성공이다. 그 아이는 미래에 해당 언어를 발달시킬 수 있는 '패시브(바로 활용은 불가능하지만 유용한) 지식'을 가지게 된 것이다. 이른 나이에 (약간이라도) 배웠다가 사라진 외국어는 죽지 않는다. 처음부터 다시 배워야 하는 것이 아니다. 많은 부분이 다시 활성화된다.

적당한 수준으로 발달한 외국어라는 '선물'은 뇌 어딘가에 저장된다. 언젠가 시간과 사람, 장소가 맞아떨어졌을 때 이 선물은 적용되고 확장되며 빛을 발할 것이다."

2단계 :
하루 20% 미만 노출하기

2단계 노출은 일상에서 아이에게 영어로 말하는 비중을 조금 더 높이되, 총 언어 노출의 20% 미만으로 유지하는 것입니다. 여기서 20%라는 기준선은 제가 임의로 정한 것은 아닙니다.

이중언어 환경 컨설팅 회사의 에오윈 크리스필드 대표는 여러 연구 결과들과 상담 경험을 바탕으로 이렇게 말했습니다. 아이가 깨어 있는 시간 중 20% 이상을 외국어 사용 환경으로 구성했을 때 아이가 대체로 해당 외국어를 무리 없이 듣고 말할 수 있다고 말이죠.

예를 들어 아이가 하루에 12시간 잔다면, 남은 12시간 중 20%인 2시간 24분 정도는 영어 환경으로 만든다는 것이죠. 다만 더 우세한 언어인 모국어가 있기 때문에 아이가 자발적으로 해당 외국어로 말하려고 하지는 않을 거라고 하네요.

이에 기초해서 저는 아이와 영어로 적극적으로 소통하려 노력하되, 현실적인 한계로 인해 하루 20% 미만의 시간을 투자하는 것을 2단계로 분류했습니다. 그리고 20% 이상 영어 노출 시간을 갖는 것을 3단계로 분류했습니다.

2단계로 영어에 노출하는 경우, 1단계에 비해서는 유의미하게 아이의 영어 이해력이 높아질 것입니다. 일상에서 입력되는 영어 표현들을 바탕으로 아이는 머릿속에 '영어의 집'을 지어갈 것입니다.

'영어의 집'이라는 말은, 옥스퍼드 대학의 언어학자 조지은 교수가 사용한 개념인데요. 아이들이 여러 언어에 충분히, 자연스럽게 노출되었을 때, 각 '언어의 집'을 머릿속에 만들게 된다고 했습니다.

소리에 익숙해지고, 문장 구조가 저장되고, 꺼내 쓸 수 있는 어휘가 점차 다양해지고 고급화되는 언어 습득의 과정은 땅을 다지고, 뼈대를 세우고, 다양한 자재를 사용해서 집을 짓는 과정을 떠올리게 합니다. 언어 습득의 원리에 맞게 영어를 충분히 많이 들으면서 영어의 집이 잘 지어지지 않은 채로 문법을 공부하고 단어를 외운다면, 언어를 편하게 이해하거나 구사하기는 어렵겠죠.

2단계에서는 일상 대화를 통해 기초적인 영어의 집을 지어줄 수 있습니다. 하지만 부모의 영어 수준이 중급 정도라면, 아이의 언어 수준도 중급 이상으로 올라가기는 어려울 수 있습니다. 이때 아이의 영어 성장이 한계에 부딪혔다고 느낄 수 있어요.

이 경우 부모가 꾸준히 영어 실력을 향상시켜서 아이에게 더 수준 높은 언어를 들려주어야 합니다. 혹은 일상 대화를 통해 만들어진 영어의 집을 발판 삼아, 수준 높은 그림책이나 영상 등을 더 잘 즐기도록 도와주면서 영어 수준을 높여갈 수 있습니다.

저는 다미에게 영어 노출을 시작한 뒤부터 쭉 2단계를 유지하고 있습니다. 3단계로 넘어가고 싶은 마음도 있었지만, 워킹맘인 제 현실과 여러 여건에 따라 2단계에 정착하게 되었어요.

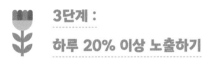

3단계 :
하루 20% 이상 노출하기

3단계는 아이가 깨어 있는 시간의 20% 이상을 영어 환경으로 구성하는 단계입니다. 일일 12시간 수면을 기준으로 하루에 약 2.5시간 이상 영어만 사용하는 환경으로 구성하면 됩니다.

이렇게 하려면 부모가 영어를 말하는 것이 상당히 편하고 세련된 수준이어야 합니다. 부모가 일상에서 영어를 보다 적극적으로 사용하는 이 단계를 꾸준히 유지하면, 아이의 성향에 따라 다를 수 있지만, 영어를 이해하는 것을 넘어 말하는 단계로까지 이어질 수 있어요.

아이가 한국어를 더 잘한다고 해도 영어가 어느 수준 이상으로 올라오면, 부모가 영어로 말하는데 한국어로 모드를 바꾸어 대답하는 것보다, 영어로 이어서 대답하는 게 더 쉬운 순간이 오거든요.

3단계를 적용할 때 아이의 삶에서 영어로 대화하게 되는 비중은 20%에서 100% 사이의 어딘가가 될 것입니다. 이 비중이 높아질수록, 부모는 자신이 영어로 아이에게 수준 높은 언어 입력을 해줄 수 있는지 더 신중하게 따져봐야 합니다.

언어라는 것은 단순히 의사소통이 가능한 것을 넘어, 그 문화나 정서 등 아주 많은 것을 전달하는 도구거든요. 그래서 단순히 아이와 영어로 대화하는 것이 가능하다고 해서 영어로만 대화한다면 많은 것을 놓칠 수 있습니다.

특히 아이가 기관에 다니거나 부모가 일을 한다면, 아이가 깨어 있는 시간 중 20%가 아이와 대화하는 전부일 수도 있습니다. 물론 아이는 기관에서 수준 높은 한국어를 들을 수 있겠지만, 부모와 아이 간에 1대 1로 이루어지는 상호작용은 정서적으로 중요하며, 아이의 발달에 이루 말할 수 없이 중요한 기반이 됩니다.

그러므로 그 시간을 소중히 여기세요. 아이와 보내는 시간이 안 그래도 적은데, 아이와 정서적으로 교감하는 데 영어가 조금이라도 방해가 된다면 3단계는 과감히 포기하는 게 나을 수 있습니다.

단계별로
부모가 갖춰야 할 영어 수준

각 단계는 1차적으로 노출량에 따라 구분되는 것이지만, 각 단계의 노출량을 따라가기 위해서는 부모의 영어 수준이 뒷받침이 되어야 합니다. 초보적인 수준의 영어만을 들려주면서, 하루 2.5시간 이상 영어 환경을 구성해준다는 것 자체가 불가능하기 때문이죠.

그러므로 어떤 단계로 시작할지 결정하기 위해서는 먼저 부모 자신의 영어 수준을 판단해보고, 자신에게 가능한 옵션을 탐색해야 합니다. 영어 수준이 높다면 1, 2, 3단계를 모두 선택할 수 있지만, 영어 수준이 낮다면 1단계부터 시작할 수밖에 없겠죠.

그다음으로 자신의 육아 상황이나 원하는 영어 노출의 수준을 생각해보고 최종적으로 단기 목표 단계를 정합니다.

마지막으로, 장기적인 육아 상황과 교육적인 목표를 고려해서 장기 목표 단계를 정하고, 필요하다면 스터디 플랜을 세워야 합니다.

구분	1단계	2단계	3단계
노출량	산정이 어려울 정도로 적음	하루의 5~20% (0.5시간~2.5시간)	하루에 20% 이상 (2.5시간 이상)
부모 영어 수준	초급 이상	중급 이상	고급 이상

상황별 예시

① 일상 스피킹이 가능한 고급 스피커

Q1. 내게 가능한 옵션은 무엇인가?

A1. 1단계, 2단계, 3단계

Q2. 내 단기 목표는 무엇인가?

A2. 나는 워킹맘이기에 아이에게 영어를 하루 평균 2.4시간 이상 노출하긴 어렵다. 그러므로 나의 단기 목표는 2단계로 하겠다.

Q3. 내 장기 목표는 무엇인가?

A3. 나는 2단계 정도의 노출에 만족하며 향후에도 2단계를 유지할 것이다.

② 학창 시절 영어를 잘하는 편이었으나
자유자재로 회화가 되지는 않는 중급 스피커

Q1. 내게 가능한 옵션은 무엇인가?

A1. 1단계, 2단계

Q2. 내 단기 목표는 무엇인가?

A2. 나는 둘째가 여러 아직 영어 공부를 할 여력이 없고 일상 속에서 다양하게 영어 문장을 만드는 것도 아직은 조금 무리다. 일단은 내가 아는 문장을 외워서 들려주는 수준의 1단계에 만족하고 싶다.

Q3. 내 장기 목표는 무엇인가?

A3. 나는 장기적으로는 2단계로 가고 싶다. 둘째가 조금 더 커서 기관에 다니기 시작하면 영어 공부를 더 본격적으로 시작할 것이다. 정해진 문장 외에 문장을 만들어서 들려주기 시작할 것이다.

③ 영어와는 거리가 먼 삶을 살아온 초급 스피커

Q1. 내게 가능한 옵션은 무엇인가?

A1. 1단계

Q2. 내 단기 목표는 무엇인가?

A2. 1단계

Q3. 내 장기 목표는 무엇인가?

A3. 나는 당장은 외워서 할 수 있는 문장 위주로 들려줄 것이지만, 육아 상황에 비교적 여유가 있다. 내 영어 실력 향상에 적극적으로 투자할 의향도 있다. 또 바이링구얼 육아에 대한 열망이 크므로 3단계를 목표로 하며 꾸준히 영어 실력을 향상시킬 것이다.

이렇게 각 가정의 상황과, 부모의 영어 실력을 고려한 노출량을 기준으로 단계별 바이링구얼 육아의 목표를 살펴봤습니다. 그런데 단순히 노출량만 조절한다고 해서 아이들이 반드시 영어를 일상의 일부로 자연스럽게 받아들이게 되는 것은 아닙니다.

아이가 영어를 사용해야 하는 충분한 이유를 제공해주는 것 또한 중요해요. 다음 장에서는 노출량 외에 바이링구얼 육아의 중요한 성공 요인인 '영어를 사용할 이유'에 대해 알아보겠습니다.

일상에서 자연스럽게
영어 루틴 만들기

영어 노출 비중이 점차 높아짐에 따라 동반되어야 하는 과정이 하나 있습니다. 바로 '영어 사용 루틴'을 만드는 것입니다.

에오윈 크리스필드 대표는 이중언어 가정에서 언어 노출 계획을 세울 때, 그 언어를 사용해야만 하는 이유를 만들어 아이에게 제공하는 과정이 꼭 필요하다고 했습니다. 그렇지 않으면 아이들은 자연스럽게 자신에게 가장 편한 언어를 선호하게 되며, 더 불편한 다른 언어를 사용하지 않으려고 하기 때문이죠.

한국에서 바이링구얼 육아를 하는 경우, 영어를 꼭 사용해야 하는 언어로 만드는 것은 사실 그리 자연스러운 것으로 느껴지지 않을 수 있습니다. 아이가 만나는 모두가 한국어를 쓰는 게 당연한 환경에서 "자, 우리는 이제 영어를 쓸 거야"라고 아이를 설득해야 하기 때문이죠.

그 과정에서 어떤 아이들은 거부감을 느끼고 "영어 싫어!" 하면서 영어를 거부하기도 합니다. 이렇게 되면 아무리 부모가 바이링구얼 육아를 할 의지가 충만해도 현실적으로 진행하기가 어렵죠. 영어 영상까지는 영상 자체의 재미가 있기 때문에 받아들인다 할지라도 영어 그림책을 읽어주는 건 여의치 않을 거예요.

하지만 이런 경우에도 방법이 없는 건 아닙니다. 루틴을 통해 자연스럽지 않은 것을 자연스럽게 만들어가면 됩니다. 처음엔 부모도 아이도 남의 옷을 입은 것마냥 어색한 느낌이 들 겁니다.

예를 들어 어느 날 갑자기 "오늘부터 우린 아침으로 멕시코 음식을 먹을 거야!"라고 한다면, 식구들 입장에선 어색할 수밖에 없겠죠. 하지만 시간이 흐르며 '우리 집에서는 으레 이렇게 하지'라며 당연하게 느껴지는 순간이 옵니다. 그러면 그건 더 이상 이상한 게 아니라 우리 집의 문화일 뿐입니다.

이렇게 영어를 자연스러운 우리 집의 문화로 만드는 것은 어릴 때 시작할수록 당연히 쉽고요. 늦게 시작했더라도 아이가 거부감을 나타낼 때 부모가 너무 당황하거나 정면으로 반박하지 않고, 어색하게 느끼는 아이의 마음을 인정해주고 공감해줘야 합니다. 그리고 점진적으로, 그러나 일관되게, 하루에 1분씩이라도 시작해서 조금씩 늘려간다면 성공적으로 문화를 만들 수 있습니다.

영어를 우리 가정의 루틴으로 만드는 건 부모의 영어 수준에 따라 결정됩니다. 루틴이라는 건 특정한 시간이나 상황에는 무조건 영어만 사용한다는, 아주 엄격하게 지키긴 않더라도 대체로 일관되게 반복되는 패턴입니다. 100%는 아니라도 가급적 지키는 방향으로 가야 한다는 뜻이죠.

그런데 영어 수준이 초급일 때 무리하게 루틴을 적용하려다 보면, 영어를 해야 할 때 말이 나오지 않아 아이와 함께 있는 시간에 꿀 먹은 벙어리가 될 수 있어요. 그러면 부모와 아이 모두 스트레스 받는 시간이 되어버려요.

그래서 초급일 때는 한국어를 사용하거나 영어를 사용하는 상황을 딱 구분하지 않는 게 낫습니다. 대체로 한국어로 소통하면서 부모가 영어로 말해줄 수 있는 상황에만 영어 표현을 한두 번씩 끼워넣는 거죠.

또 부모의 영어 수준이 중급이나 고급이더라도, 영어를 최소한도로 노출하는 1단계일 때는 굳이 루틴을 정하지 않고 하루 중 내키는 대로 영어로 말해줘도 무방합니다.

중급부터는 영어 사용 루틴을 정해, 그 시간에서 영어로만 이야기하되, 생각이 잘 안 나면 한국어로 보완해주는 것을 추천해요. 각 단계와 부모의 영어 수준을 고려해, 루틴을 활용하면 좋은 경우는 다음과 같습니다.

영어 수준/단계	1단계(최소 노출)	2단계(5~20%)	3단계(20% 이상)
초급	루틴 필요 없음	루틴 불가능	루틴 불가능
중급	루틴 필요 없음	루틴 △ (대체로 영어를 적용하되 한국어로 보완)	루틴 불가능
고급	루틴 필요 없음	루틴 O	루틴 O

그러면 영어 사용 루틴은 어떤 식으로 만들면 될까요? 몇 가지 옵션이 있는데, 이제부터 살펴보겠습니다.

한 사람 한 언어
전략

아이들이 이해하기 쉽고 성공률도 가장 높은 룰이 '한 사람 한 언어OPOL' 전략입니다. "아빠와 말하고 싶어? 그러면 영어로 해!"라는 것이죠. 이 방식은 주로 주 양육자의 영어 수준이 고급 이상이어서 아이와 보내는 시간에 영어로만 소통할 수 있는 경우, 혹은 부 양육자 중 한 명이 아이와 많지 않은 시간(예를 들어 하루 30분)을 보내면서 중급 정도의 영어를 들려줄 수 있는 경우 사용할 수 있습니다.

① 엄마가 주 양육자이고 영어가 한국어만큼 편한 경우, 엄마가 영어로 대화

엄마는 아이에게 영어로만 소통하고, 그림책도 영어로 읽어줍니다. 아빠와 다른 가족들, 기관에서는 한국어를 사용합니다. 처음에는 영어가 우세하지만 갈수록 한국어가 따라잡게 되고, 한국에 살고 있다면 결국에는 한국어가 우세해집니다. 가장 친밀한 엄마와의 소통은 여전히 영어로 할 수 있습니다.

이 방식을 채택할 경우에, 아이가 한국에서 앞으로 교육을 받게 될 만큼, 그리고 엄마가 풍부한 한국어 어휘를 전수할 기회가 적어지는 만큼, 한국어 어휘가 부족해지지 않도록 엄마 외에 아빠나 다른 부양육자가 아이와 한국어로 그림책을 읽고 대화하는 시간을 충분히 가지길 권합니다.

② 주 양육자인 엄마는 한국어로 말하고, 영어를 한국어만큼 편하게 구사하는 아빠가 영어로 대화

영어를 고급 이상으로 구사하며 아이와 퇴근 후 1~2시간을 보낼 수 있는 아빠가 아이와 영어로만 대화하고 엄마는 한국어만 사용합니다. 주말에도 아빠가 아이와 영어로만 대화해야 합니다. 아빠와 아이 사이에 친밀한 관계가 형성되는 것도 매우 중요하므로, 아빠의 영어 수준은 상당히 자유로워야 합니다.

③ 주 양육자인 엄마와 부 양육자인 아빠 모두 한국어로 말하고,

한 사람 한 언어 전략을 실천하는 경우 아이는 영어로 이해할 뿐 아니라 말까지 하게 만드는 동기가 커집니다. 왜냐하면 그 사람과 소통하기 위해 그 언어를 꼭 사용해야 한다는 인식이 서서히 자리잡기 때문입니다.

아빠가 아이와 영어로만 대화하고, 엄마와 셋이 대화할 때나 타인과 대화할 때 한국어를 사용하는 경우에는 어떨까요? '아빠가 한국어를 할 줄 안다'는 사실을 알더라도, 아이는 경험을 통해 아빠와 영어로 소통하는 것이 갈수록 더 자연스럽게 느껴질 겁니다. 그래서 아빠와의 소통의 언어가 영어로 자리잡게 되고, 아이도 아빠와 대화할 때에는 영어를 사용하게 될 가능성이 높습니다.

한 사람 한 언어 전략은 해외의 이중언어 가정에서는 가장 빈번하게 사용되는 전략인데, 한국에서는 현실적으로 적용하기 쉽지는 않습니다. 주로 주 양육자인 엄마의 영어 수준이 제한적인 경우, 영어 사용 루틴을 만들어줄 다른 방법도 알아보겠습니다.

시간 베이스
전략

아마도 가장 많은 부모가 사용하게 될 전략이 '시간 베이스' 전략일 것입니다. 아이가 영어로 말까지 잘할 수 있도록 하루 중 20% 이상은 꼭 영어 노출을 하겠다, 즉 3단계를 꼭 해내겠다는 마음을 먹은 경우, 시간 계산을 하기에도 이 전략이 가장 편하겠죠.

시간 베이스 전략은 '오전에는 영어만 쓴다', '저녁 식사 시간부터는 영어만 쓴다'와 같은 루틴을 정하는 것입니다. 아이가 어릴 때부터 이런 루틴을 정한다면, 아이에게는 그것이 규범(정상적인 기준)이 될 것입니다. 물론 이 루틴은 아주 엄격하게 예외 없이 지킬 것까진 없지만, 너무 자주 바꾸거나 예외가 너무 잦아지면 좋지 않겠죠?

저도 시간 베이스 전략을 사용했습니다. 40개월 정도까지는 오전 시간이 영어 사용 시간이었습니다. 아이가 어린이집 가기 전에 함께하는 2시간 정도, 일어나자마자 어린이집 입구에서 헤어질 때까지 영어로만 대화했어요.

이렇게 해보니 좋았던 점은, 외출하기 전까지 집에서는 매일 비숫한 루틴대로 흘러가기에 반복되는 표현을 들려줄 수 있다는 겁니다. 그리고 어린이집 가는 길에는 조금 더 다양한 표현을 들려줄 수 있었어요. 배움에는 반복과 변주 모두 필요하거든요.

처음에는 제 성격상 밖에서 영어로 말하는 게 부끄러웠어요. 등원길에 영어를 하더라도 아이의 귀에만 들리게 소곤소곤 말하곤 했어요. 이것은 바이링구얼 육아를 하려는 부모들이 서서히 극복해나가야 할 허들이기도 합니다. 주변의 시선이 의식되어 맘껏 영어로 말하기가 어려울 수 있거든요.

하지만 몇 년 하다 보니 그것도 무뎌지더군요. 요즘에는 꽤나 자연스럽고 당당하게 밖에서도 영어를 말하는 편입니다.

40개월 이후에는 등원을 아빠가 담당하게 되면서 영어로 말하는 시간을 오후로 옮겼습니다. 요즘에는 하원길부터 시작해서 저녁 먹기 전까지 주로 영어를 사용하는 편인데요. 다미는 워낙 저와 영어로 이야기하는 것에 익숙해져서 더 이상 거부하는 모습을 보이지 않아요. 사실 최근에는 루틴도 아주 엄격하게는 지키지 않습니다.

비율로 따지면 하원 후에 영어를 사용하는 일이 더 많지만, 아침에 할 때도 있고 주말에 크게 시간을 정해두지 않고 하기도 해요.

아이가 영어 사용에 얼마나 익숙해졌는지, 거부감을 표현하는지 안하는지, 부모가 영어를 시간을 정해놓고 하는 게 편한지 안 편한지, 이런 여러 상황을 고려해 각자의 육아 상황에 맞는 형태로 해나가면 됩니다.

한 사람 한 언어 전략이 아니라 주 양육자가 아이와 한국어와 영어, 두 언어로 대화하는 경우 아이는 더 높은 비중을 차지하는 한국어로 말하게 될 가능성이 높습니다. 처음에 영어로 조금 말하더라도, 시간이 지나고 기관에 다니면서 한국어가 메인 언어로 전환되는 경우가 많아요.

시간 베이스로 하고 있는 저희 집도 마찬가지로, 제가 영어로 말하더라도 다미는 아주 간단한 말을 제외하고는 대체로 한국어로 대답합니다. 이는 꼭 한국 가정에서만 일어나는 일은 아닙니다.

미국에 살며 집에서만 한국어를 듣고 자란 아이들도, 기관에 다니는 등 사회생활의 비중이 커지면서 영어가 메인 언어가 됩니다. 그러면 집에서도 한국어 대신에 영어를 사용하려고 하는 성향이 강해지죠. 형제자매 간에도 한국어보다 영어를 사용하는 경우도 흔하고요. 부모가 평소 한국어만 사용하지 않고, 아이와 한국어와 영어 모두를 사용해서 대화해온 경우에는, 부모가 특별히 노력하지 않는다면 영어가 주요 소통 언어로 정착되기 쉽습니다. 미국에 살며 우세한 언어인 영어로 말을 하는 것이 아이 입장에서는 너무 자연스러운 거예요.

많은 부모가 '바이링구얼'이라는 단어를 들었을 때, 유창하게 두 언어를 말로 구사하는 모습을 떠올립니다. 그래서 자연스러운 '영어 무발화(혹은 '한국어만 발화')에 실망하는 경우도 있어요. 하지만 장기적인 관점으로 보시길 바라요. 영어 유치원을 다니며 친구들과 영어로 대화한 경험을 지닌 아이라고 해서, 반드시 성장해서까지 영어 스피킹이 능숙해지는 건 아닙니다. 또 영어를 많이 들었으나 말로 표현해보지 않은 아이라고 해서, 성장해서 영어 스피킹에 어려움을 겪는 것도 아니에요.

머릿속에 지어진 영어의 집은 꾸준히 영어를 듣고 읽는 경험을 통해 유지될 수 있습니다. 그리고 그건 성장하면서 어떤 상황에 예기치 않게 혹은 의도적으로 주어지는 언어 자극이나 동기, 상황과 만나 빛을 발할 수 있어요. 아이가 영어로 말을 하는 것을 보는 것은 물론 부모로서 매우 재미있고 설레는 일이겠지만, 그렇지 않다고 하더라도 어린아이가 영어로 '쏼라쏼라' 하는 모습에 너무 집착하지 말길!

 상황과 공간 베이스 전략

시간 베이스 외에 또 다른 전략으로는 '상황' 베이스와 '공간' 베이스가 있습니다. 상황 베이스란 예를 들어 '역할놀이' 혹은 '보드게임'을 할 때와 같이 특정한 상황에서는 영어로 말하는 루틴이에요. 그런 상황에서 자연스럽게 부모가 영어로 대화하도록 언어를 바꿔주는 것이죠. 다양한 상황을 가정해볼 수 있습니다. 아이가 받아들이기에 너무 복잡하거나 이해하기 어려운 패턴만 아니면 돼요.

- 역할놀이/보드게임/블록놀이/인형놀이/촉감놀이 등 특정 놀이를 할 때 영어로 한다.

- 집에 OO이모가 놀러 올 때는 다같이(아이는 제외 가능) 영어로 한다.

- 주말에 할머니네 집에 놀러 갈 때에는 영어로 한다.

- 놀이터에서 놀 때 영어로 한다.

- 식사 시간과 간식 시간에 대화할 때 영어로 한다.

- 부모가 눈에 잘 띄는 특정 목걸이를 목에 걸면 영어로 한다.

* '유치원에서는 영어만 쓴다'는 루틴이 적용되는 영어 유치원 또한 넓은 의미에서는 상황 베이스의 바이링구얼 육아 전략이라고 할 수 있습니다.

공간 베이스란, 예를 들어 '주방에서는/놀이방에서는/집 안에서는/집 밖에서는 영어만 쓴다'고 정하는 거예요. 집 안의 특정 구역을 영어를 사용하는 공간으로 사용했을 때 장점이자 단점은 아이가 주도적으로 어떤 언어를 사용할지 선택할 수 있다는 점입니다.

시간이나 상황은 아이가 주도적으로 선택할 수 없지만, 한 방에서 다른 방으로 이동하는 것은 아이가 자유롭게 할 수 있죠. 그렇기 때문에 영어나 한국어를 사용하고 싶은 상황에서 그렇게 선택할 수 있어요.

이게 장점이 되는 경우는 영어와 한국어 중 특별히 선호하는 언어가 없는 경우입니다. 그래서 자연스럽게 공간을 옮겨다니며 두 언어를 균형적으로 잘 사용할 수 있는 경우죠.

아이가 해당 언어 사용에 주도권이 있다는 것은 그 언어를 거부할 일이 없다는 뜻이기도 해요. 싫은데도 영어를 써야 하는 상황을 아이가 쉽게 컨트롤할 수 있으니까요.

반면 이게 단점이 되는 경우도 있습니다. 아이가 선호하는 한 언어가 명확해서, 다른 언어를 사용하는 그 공간에 들어가는 것을 꺼리는 경우입니다. 언어 루틴 때문에 특정 공간 자체를 부정적으로 인식하게 되고 일상 생활에 지장이 간다면, 그건 좋은 루틴이라 할 수 없겠죠.

이 외에도 아이가 이해할 수 있을 만한 패턴이라면, 그리고 가족이 편안하게 느끼고 꾸준히 적용할 수만 있다면 어떤 루틴이든 상관은 없습니다. 나는 식사 시간에만 영어로 하겠다, 나는 놀이터에서 놀 때만 영어로 하겠다, 나는 자주 만나는 육아 동지와 약속해서 그 가족과 만날 때만 영어로 하겠다 등, 어떤 방식이든 가능하니 창의력을 발휘해보세요.

한 가지 조언을 하자면, 언어 계획은 아이에게 어떤 방식이 좋을지만 생각해서 정할 수는 없다는 거예요. 이건 주변 사람들에게 영향을 미치는 가족 계획이거든요. 그래서 부모 자신 그리고 가족 전체가 편하게 지속적으로 실행할 수 있는 방법을 택해야 해요. 우리 가정의 상황과 부모의 외국어 수준, 아이의 나이, 외부 도움을 받을 수 있는지 여부 등 다양한 요소를 고려해서 우리 집만의 루틴을 만들어보세요!

PART

바이링구얼 육아의
디테일을 완성하는
부가 전략들

높은 단계로 넘어가는
로드맵 짜기

부모의 영어 실력이 초급인데 내 목표는 2단계 혹은 3단계다, 혹은 중급인데 내 목표가 3단계다, 이런 상황이라면 부모는 1단계 혹은 2단계에서 시작해 영어 실력을 차근차근 높여야 합니다.

다시 한번 말하지만, 바이링구얼 육아를 하려는 모든 부모가 영어 실력을 원어민 수준으로 높여야 하는 것은 아닙니다. 바이링구얼 육아의 스펙트럼은 아이에게 "sit down(앉아)"이라고 말해주는 것부터 양육자 중 한 명이 하루종일 영어로만 말해주는 것까지 매우 다양합니다. 어떤 단계에 머무르기로 결정하는 것 또한 전적으로 부모의 선택이에요.

단지 내가 더 높은 단계로 나아가고 싶다면, 그만큼 부모의 성장이 필요하다는 이야기입니다.(베이비시터 등 외부인의 도움을 받는 경우는 제외하고요.)

고등학생들이 더 공부를 열심히 하게 하려고 실제 대학생들도 만나게 하고, 대학 생활은 뭐가 재미있는지 선생님들이 설명해주기도 하죠? 3학년 때는 어떤 삶을 살게 되고, 모의고사는 언제 한번씩 보고, 어떤 과정을 거쳐 입시가 마무리되는지에 대해서도 이야기해주고요.

사람은 누구나 어려운 일을 앞두고 있을 때, 내 미래의 모습이 어떻게 될지 전혀 불투명한 상태에서 더 두려움과 부담감을 느낍니다. 그래서 내가 앞으로의 3년을 어떻게 보내게 될지, 그리고 대학생활의 모습이란 어떤 것일지 생생하게 눈앞에 그려보고 예측하면서 앞으로 나아갈 힘을 얻죠.

육아하면서 영어 실력을 높인다는 것 역시 상당한 수준의 동기부여가 필요한 쉽지 않은 일입니다. 그래서 좀 더 구체적으로 상상할 수 있도록 앞으로의 로드맵과 성장 과정을 그려보겠습니다.

초급에서 중급으로

영어가 초급 단계인 부모는 아이에게 영어로 말을 걸어주는 데 루틴을 적용하기 어렵습니다. 해당 상황이나 시간을 영어로만 채우기가 어렵기 때문이죠. 그러므로 루틴에 대한 생각은 잠시 접어놓으세요. 하루 중 내가 할 수 있는 영어 표현을 최대한 확보하고 기억해서 써먹는다는 목표를 가져가세요.

짧고 간단한 표현 위주로 입 속에서 여러 번 되풀이해서 말해보세요. 해당 상황에 주로 있게 되는 공간에 종이에다 큼지막하게 써서 붙여봐도 좋아요. 예를 들면 화장실 거울에 "Time to brush your teeth(양치할 시간)"라고 써붙여놓고 아이와 양치할 때마다 써보는 거죠.

처음에는 너무 욕심내지 말고, 하루 1문장에서 10문장 사이의 목표를 정해서 사용해보는 걸 추천합니다. 이 책의 부록에 있는 표현을 활용해도 좋고, 나름대로 표현을 수집해도 좋아요.

아이에게 똑같은 문장만 사용하는 것 같아도 너무 신경쓰지 마세요. 아이들은 비슷한 표현을 많이 반복해서 들으면서 뇌 속에 해당 언어를 처리하는 회로가 더 튼튼해집니다.

하루가 끝나면, 아이와 하루 중에 무슨 대화를 나눴는지 한번 복기해보세요. 필요하다면 휴대폰으로 녹음한 뒤 스크립트를 뽑아봐도 좋아요.(네이버 클로바노트와 같은 음성인식 인공지능 서비스를 이용하면 자동 음성 인식이 되어 스크립트가 쫙 나옵니다.)

그걸 살펴보면서, 어떤 표현을 영어로 할 수 있었겠는지 생각해보고 적어보는 거예요. 잘 모르겠다면 챗GPT에게 물어보면 됩니다. 그중 내일 비슷한 상황에서 사용해보고 싶은 표현을 적어놨다가, 다음 날 사용해보는 거예요.

이야기가 나왔으니 챗GPT 얘기를 조금 더 해볼게요. 제가 처음 바이링구얼 육아를 시작했을 때와 이 책을 쓰고 있는 지금을 비교하면, 지금 크게 편리해진 부분이 하나 있는데 그게 바로 챗GPT의 등장입니다.

챗GPT란 오픈Open AI라는 회사에서 만든, 인간처럼 대화할 수 있도록 설계된 인공지능 언어 모델을 말합니다. 마치 원어민 친구에게 물어보듯 챗GPT에게 어떤 표현을 어떻게 말하면 되는지 물어볼 수 있어요. 이보다 더 좋은 표현이 있는지 물어볼 수도 있으며, 어떤 문장이 자연스러운지도 물어볼 수 있습니다.

영어로도 물어볼 수 있고, 한국어로도 물어볼 수 있어요. 딱딱한 표현이 아닌 일상에서 사용하는 자연스럽고 쉬운 표현으로 알려달라고 할 수도 있고, 5세 아이와 대화한다는 상황까지 반영해서 알려달라고 요청할 수도 있어요. 이런 건 기존 포털 검색으로는 불가능했던 부분이죠. 그래서 챗GPT는 영어 습득에 혁신적인 변화를 가져올 것으로 기대되고 있어요.

챗GPT를 사용하는 가장 간편한 방법은 스마트폰에서 챗GPT 어플리케이션을 다운로드 받는 것입니다. 이 어플리케이션의 가장 큰 장점은 타이핑을 하지 않아도 음성 인식이 된다는 점이에요.

챗GPT에게 이렇게 물어보세요. 훌륭하고 자연스러운 표현들을 가르쳐줍니다.

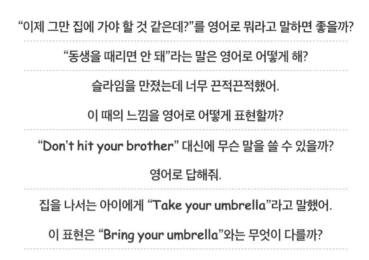

"이제 그만 집에 가야 할 것 같은데?"를 영어로 뭐라고 말하면 좋을까?

"동생을 때리면 안 돼"라는 말은 영어로 어떻게 해?

슬라임을 만졌는데 너무 끈적끈적했어.

이 때의 느낌을 영어로 어떻게 표현할까?

"Don't hit your brother" 대신에 무슨 말을 쓸 수 있을까?

영어로 답해줘.

집을 나서는 아이에게 "Take your umbrella"라고 말했어.

이 표현은 "Bring your umbrella"와는 무엇이 다를까?

챗GPT의 도움을 받아가며, 일상에서 반복되는 표현만 영어로 확인하고 그대로 사용해보세요. 이 과정만 거쳐도 영어 실력이 쑥쑥 자랍니다. 영어를 공부로 배우는 것과는 달라요. 내 일상과 밀접하게 연관되는 표현은 더 잘 익히게 되거든요.

조금 더 시간을 들일 수 있다면, 아이와 자주 사용하게 되는 기초 동사들과 패턴들을 숙지하면서 문장을 만드는 연습을 해보세요. 동사를 예로 들면, 아이와 자주 사용하는 표현 중에 'put'이 유난히 많이 나올 수 있어요. 그러면 'put'을 활용한 표현들을 쭉 적어서 익혀보는 거예요. 'put'이라는 동사와 친해지는 시간을 가지는 거죠.

이번주는 'put' week, 다음주는 'take' week… 이렇게 주차별로 하나의 동사를 '뽀개는' 목표를 정해도 좋아요. put을 사용하는 표현법은 어떻게 찾냐고요? 역시 챗GPT를 활용하면 됩니다.

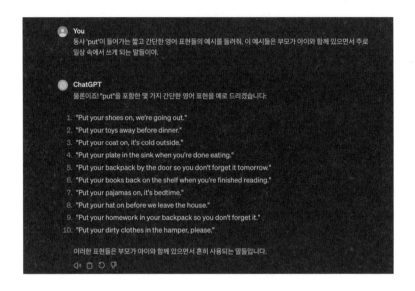

이번엔 패턴을 예로 들어볼게요. 'Are you gonna~'라는 패턴과 익숙해지고 싶다면 이 패턴이 들어 있는 예문들을 찾아보고, 실생활에서 말해보면 됩니다. 마찬가지로 이번주는 'Are you gonna' week, 다음 주는 'Let me' week, 이렇게 주차별 목표를 정할 수 있겠죠?

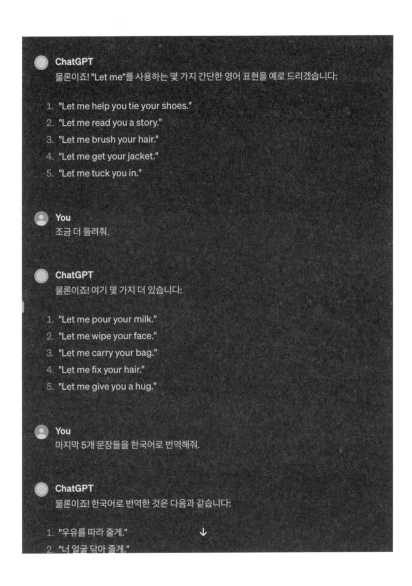

ChatGPT
물론이죠! "Let me"를 사용하는 몇 가지 간단한 영어 표현을 예로 드리겠습니다:

1. "Let me help you tie your shoes."
2. "Let me read you a story."
3. "Let me brush your hair."
4. "Let me get your jacket."
5. "Let me tuck you in."

You
조금 더 들려줘.

ChatGPT
물론이죠! 여기 몇 가지 더 있습니다:

1. "Let me pour your milk."
2. "Let me wipe your face."
3. "Let me carry your bag."
4. "Let me fix your hair."
5. "Let me give you a hug."

You
마지막 5개 문장들을 한국어로 번역해줘.

ChatGPT
물론이죠! 한국어로 번역한 것은 다음과 같습니다:

1. "우유를 따라 줄게."   ↓
2. "너 얼굴 닦아 줄게."

이 과정에서 조금 더 상세한 예시 문장이나 육아에 자주 사용되는 동사 및 패턴 리스트의 도움을 받고 싶다고요? 영어가 어려운 부모들의 바이링구얼 육아를 돕기 위해, 제가 영어 강사와 함께 만든 〈우아한 영어, 말문 트기〉 강의와 〈우아한 영어, 표현 확장〉 강의의 도움을 받을 수도 있습니다.

중급에서 고급으로

중급 단계에 있는 부모들은 2단계를 실행할 때는 루틴을 조금씩 적용해봐도 좋습니다. 다만 아직 영어 문장을 만드는 것이 아주 원활하지 않을 수 있기 때문에, 주로 영어를 사용하되 종종 한국어로 보완해도 됩니다.

루틴 내에서 영어로 말하는 비중을 100%까지 높이고요. 시간 루틴인 경우에 시간을 늘려가다가 3단계로 진입하기 위해 역시 영어 수준을 더 늘릴 필요가 있어요. 3단계로 가기 위해서는 문장을 외워서 들려주는 것만으로는 어렵고, 영어로 꽤나 자유롭게 말을 할 수 있어야 합니다.

그러기 위해서는, 아이와 일상 속에서 주고받는 것 이상의 '언어 인풋'이 필요합니다. 너무 어렵지도, 쉽지도 않은 적당한 난이도의 영어 표현들을 듣든 읽든, 많이 익힐 필요가 있죠.

중급에서 고급으로 가기 위해서는, 아이가 잠자는 시간을 활용하든, 기관에 있는 시간을 활용하든, 집안일이나 육아에 있어 제3자의 도움을 받든, 하루에 약 30분 이상을 따로 빼서 영어 실력을 올리는 일에 투자할 필요가 있습니다.

이 투자는 단지 아이만을 위한 것이 아니에요. 부모에게도 언젠가 유용하게 쓰일 자산이 될 것이며, 자기 성장의 기회가 될 거예요.(제가 영어에 시간 투자를 하지 않았다면, 해외 논문을 읽고 전달하는 '베싸 TV'라는 유튜브를 운영할 일도 없었을 거예요. 그게 제 커리어가 되어 옥스퍼드 대학원에 진학하게 될 일도 없었을 것입니다.)

한국에 사는 우리가 많은 영어 인풋을 받기 위해서 활용할 수 있는 방법에는 여러 가지가 있습니다.

첫 번째로 영상 시청이 있습니다. 이것은 제가 영어 수준을 올리는 데 크게 도움받은 방법이에요. 그러나 누구에게나 맞는 방법은 아닐 수도 있습니다. 가장 중요한 건 자신이 꾸준히 할 수 있는 방법을 찾는 거지, 남에게 맞는 방법을 따라 하는 게 아니거든요.

저는 대학생 때부터 미국 드라마를 좋아했어요. 〈프렌즈〉와 같이 짧고 쉬운 시트콤을 반복 시청하면서 영어 수준이 많이 올랐습니다. 처음에는 한국어 자막으로 보고, 그다음에는 동일한 내용을 영어 자막으로 보고, 마지막으로 자막 없이 보는 식으로 전 시즌을 5번 이상 정주행했습니다. 물론 그 과정이 즐거웠기 때문에 반복할 수 있었죠.

요즘에도 미국이나 영국의 짤막한 시트콤들을 자막 없이 보곤 합니다. 취미 활동을 하면서도 영어 실력이 꾸준히 늘 수 있다는 게 큰 매력 포인트죠. 이 방법을 쓸 경우에는 드라마의 콘텐츠에 따라 난이도의 편차가 크기 때문에 드라마를 잘 고르는 게 중요합니다.

예를 들면 미드 학습의 바이블로 불리는 〈프렌즈〉는 일상 소재를 다루기 때문에 표현이 무난합니다. 등장인물들의 발음도 정확하며 말이 너무 빠르지 않습니다. 그에 비해 법정 드라마나 범죄 드라마 같은 경우에 사용되는 어휘라던가 표현이 조금 어려울 수도 있습니다.

만약 내 영어 수준이 아직 어른들이 보는 프로그램을 소화하기 어려운 경우라면, 아동용 프로그램부터 시작해도 좋습니다. 아이와 같이 볼 수도 있고요. 조금 더 실용적인 표현들을 배우기 위해서는 아동이 주인공으로 나오는, 실제 생활에서 일어날 법한 에피소드들을 다루는 영상물이 효과적입니다. 〈대니얼 타이거〉, 〈까이유〉, 〈찰리와 미모〉 같은 것들이 대표적인 예입니다. 다만 어느 정도는 내게 재미있는 프로그램으로 선택해야 장기적으로 더 지속 가능하다는 점은 기억해주세요. 재미없어서 안 보게 된다면, 덜 실용적이더라도 내게 더 재미있는 프로그램을 찾는 게 나을 수도 있습니다.

두 번째로는 '읽기'가 있습니다. 읽기는 효율적으로 많은 인풋을 확보할 수 있는 좋은 방법이에요. 이는 유명한 언어학자 스티븐 크라센이 외국어 습득에 매우 효과적인 방법으로 강력 추천하는 방법이기도 하죠.[51] 핵심은 내 수준에 맞는(모르는 어휘가 가끔씩만 등장하는) 재료를 가지고, 사전을 찾아보거나 하는 일 없이 꾸준히 다독하는 것입니다. 이 과정에서 영어 실력은 자연스럽게 오를 수 있어요.

'읽기' 역시, 지속적으로 하기 위해서 내게 최대한 재미있는 컨텐츠를 고르는 것이 중요해요. 어린이들을 겨냥해서 나온, 조금 쉬운 판타지 소설이나 만화를 읽어보면 어떨까요? 혹은 내가 관심 있는 분야의 인스타그램 해외 계정을 팔로우해서 읽어보면 어떨까요? 육아 공부까지 겸하고 싶다면, 해외 유명 기관의 홈페이지를 즐겨찾기 해놓고 글을 하루 하나씩 읽겠다는 목표도 세워볼 수 있겠죠. 내 흥미나 관심 분야와 결합하여 취미로 만들어보세요.

이 외에도 유튜브에는 영어 소설책을 읽어주는 영상이라든가 요리 레시피를 알려주는 영상 등 영어 공부를 할 수 있는 콘텐츠가 넘쳐납니다. 자동 자막 기능도 매우 우수하죠.

영어와 정말로 친해지기 위해서는 부모부터가 익숙한 한국 콘텐츠에서 벗어나, 영어로 된 콘텐츠의 세계로 들어갈 필요가 있어요. 아이들만 영어 영상 앞에 앉혀놓을 게 아니라요.

세 번째로는 영어를 더 잘하는 사람과 대화할 기회를 만드는 것입니다. 대화 속에서 자연스럽게 영어 인풋을 받게 되니까요. 상대방이 내 수준에 맞게 배려해서 말하기 때문에 난이도 조절에 신경쓰지 않아도 된다는 장점도 있죠.

원어민이나 영어를 잘하는 한국인과 회화 과외를 하는 방법도 있습니다. 제가 만약 영어 실력 향상을 목표로 했다면, 영어만 사용하는 방문 선생님을 고용해, 아이와 제가 함께 영어로 대화하는 시간을 가졌을 거예요. 그러면 아이도 부모 옆에서 라이브로 수준 높은 영어를 들을 수 있다는 장점이 있고요. 저도 선생님과 대화하면서 영어 수준을 높여나갈 수 있으니까요.

아이에게 영어 사용의 '이유'를 주는 것처럼, 부모도 영어 사용의 이유를 선생님 방문이라는 정기적인 기회를 통해 만들어나가는 것이죠. 육아를 하다 보면 시간을 따로 빼서 영어 공부하기가 부담스러울 수 있고 차일피일 미루게 됩니다. 그렇기 때문에 부모가 여유가 없거나 의지가 부족하다면, 퍼스널트레이닝을 받듯 약간의 강제성을 동반하는 방식도 괜찮습니다.

이보다 조금 덜 부담스럽게 접근하고 싶다면 화상 영어 플랫폼이나 회화 어플을 사용하는 방법도 있습니다. 가장 가성비 좋은 건 역시 챗GPT를 활용하는 것입니다. 챗GPT에게 영어로 대화하자고 요청해보세요. 챗GPT는 단순히 내가 던진 질문에 대답만 해주는 게 아니라 나에게 질문을 던지기도 합니다. 그래서 대답을 만들며 영어를 연습할 수 있도록 도와주죠. 놀랍지 않나요?

나는 너와 영어로 대화하면서 영어 실력을 높이고 싶어. 나는 영어를 잘 못하기 때문에 일상적이고 쉬운 주제로 대화하고 싶어. 나와 영어로 대화해 주고, 내가 '대화 끝'이라고 말하면, 내가 틀렸던 문장들을 올바른 표현으로 고쳐 줄래?

물론이죠! 영어로 대화를 시작해볼까요? 오늘 하루는 어땠나요? How was your day today?

It was okay. I'm pregnant now, and I sometimes feel dizy. But I took a rest at home, and it wasn't that bad.

I'm glad to hear you were able to rest. Congratulations on your pregnancy! How far along are you?

32 weeks.

Wow, that's wonderful! Do you know if you're having a boy or a girl?

It's a girl. My first one is a daughter, so I was hoping to have a boy as a second child, but two girls are nice, too.

Two daughters will be lovely! Do you have any names in mind for your new baby girl?

I haven't made my mind yet. What is your favourite girl name?

There are so many beautiful names to choose from! One of my favorites is Emily. It's classic and elegant. Do you prefer traditional names or something more unique?

something more unique, definitely.

> **⟐** In that case, how about the name Aurora? It's unique and has a beautiful meaning. What do you think?
>
> 🔊 ⧉ 👎 ✨⌄

> That sounds like a name of a princess ! I love it. I want to finish my conversation now. Do you have any suggestion on what I have said?

> **⟐** Sure! Here are some suggestions for what you said:
>
> 1. **Your Original:** "It was okay. I'm pregnant now, and I sometimes feel dizy. But I took a rest at home, and it wasn't that bad."
>   - **Correction:** "It was okay. I'm pregnant now, and I sometimes feel dizzy. But I took a rest at home, and it wasn't that bad."
> 2. **Your Original:** "My first one is a daughter, so I was hoping to have a boy as a second child, but two girls are nice, too."
>   - **Correction:** "My first child is a daughter, so I was hoping to have a boy

이렇게 영어 공부를 해나가다 보면, 영어 실력이 자연스럽게 향상되고 아이에게 해줄 수 있는 말도 더 다양해지고 세련되어질 것입니다. 고급 수준으로 올라가면 3단계로 갈 수도 있겠죠. 혹은 2단계에 머물면서 루틴을 더 잘 소화하고, 그 안에서 더 다양한 표현을 아이에게 들려줄 수도 있습니다.

마지막으로 팁을 하나 드릴게요. 이 모든 과정을 육아하면서도 훨씬 더 수월하게 해 나가는 방법이 있습니다. 바로 '함께하는 것'입니다. 작든 크든, 같은 관심사와 목표를 가진 사람들과 커뮤니티를 형성해서 서로를 지지해줄 수 있는 환경을 만들면 어떤 프로젝트든지 성공률이 크게 높아져요. 제가 운영하는 바이링구얼 카페에서 소모임을 통해 몇 년간 성공적으로 바이링구얼 육아를 해오고 있는 부모의 사례를 소개합니다.

"저는 첫째가 돌 정도 되었을 때 바이링구얼 육아를 시작했습니다. 부족한 실력이었지만 아이와 간단한 문장 위주로 소통하면서 점차 영어 실력이 성장했어요.

하지만 시간이 흐르며 아이의 언어 실력 역시 높아졌죠. 더 복잡하고 구체적인 문장으로 소통해야 하는 상황이 늘어난 거예요. 그만큼 말문이 막힐 때도 점점 늘어났어요. 그러나 더 많은 시간을 영어 공부에 꾸준히 투자하는 것도 쉽지 않았죠.

그러던 중 커뮤니티에서 같은 열정을 가진 사람들을 만나게 되었어요. 오늘 아이에게 해주었던 표현과 아이의 반응, 새로 알게 된 표현을 공유하고 인증 댓글을 남기는 활동을 하기 시작했습니다.

그러자 모임에 속해 있다는 책임감과 구성원들 간의 건강한 자극, 약간의 강제성을 띈 인증 활동으로 인해 더 강한 동기부여가 되었죠. 인증을 하기 위해 의식적으로 새로운 표현도 더 말해보려고 시도했어요. 또 서로 새로 알게 된 표현들을 공유하며 비슷한 육아 상황에서 사용해보았어요.

그러면서 언어 실력이 성장하고, 바이링구얼 육아의 수준 또한 높여나갈 수 있었습니다. 오늘 하루 아이와 한 대화를 되돌아보고, 아이가 성장한 순간을 모임 구성원들과 공유하며, 육아에도 긍정적인 에너지를 받았죠.

그뿐 아니라 다른 사람들의 영어 공부에 자극을 받아 스스로 영어 원서를 읽는 취미도 길렀고, 자신감이 생겼습니다. 어떤 원서를 읽을지 기분 좋은 고민을 하며, 향후 읽고 싶은 원서의 리스트도 작성했어요. 아이가 주로 보는 영어 영상 콘텐츠를 보면서 활용할 만한 문장들을 필사하기도 했습니다. 이처럼 저에게 맞는 영어 공부 방법을 찾아가며 즐기고 있습니다.

바이링구얼 육아를 하면서 중간중간 슬럼프나 권태기가 온 적도 있었습니다. 육아하면서 집안일이나 일, 영어 공부까지 병행해야 한다면 지치기 쉽죠. 그럴 때 같이 공부하며 성장하는 모임에 속해 있다는 것이 어려움을 극복하는 큰 에너지원이 되었어요."

육아 환경을
더욱 풍요롭게 하는 7가지

바이링구얼 육아 환경을 더욱 풍요롭게 하는 7가지 방법입니다. 이
방법들 역시 기본 원칙에 맞게, 일상 속에서 의미 있고 편안한 언어로
입력되어야 한다는 사실을 염두에 두면서 활용해보세요.

영어 그림책을
활용해요

아이의 영어 교육에 관심이 있는 부모라면, 아마도 가장 먼저 영어로

된 그림책을 찾아봤을 거예요. 어린아이에게 책을 읽어주는 것이 언어 발달에 도움이 된다는 사실은 이미 많이들 알고 있을 텐데요. 그건 영어 습득에도 물론 도움이 됩니다. 앞서 소개한 책『바이링구얼 에지』에는 이런 언급이 있습니다.

"바이링구얼인 아이들의 경우 해당 언어에 총 몇 시간 노출되었느냐보다, 해당 언어로 책을 읽어주는 빈도가 어휘 수준에 더 큰 영향을 준다."[52]

특히 워킹맘이라거나 여러 가지 이유로 아이와 많은 시간을 보낼 수 없다면, 영어 그림책이 굉장히 효율적인 도구가 될 수 있다는 뜻이죠. 일상생활 속 언어 자극은 비슷한 어휘와 문장들로 반복될 가능성이 높아요. 그런 점에서 책을 읽어주는 건 더 다양한 어휘와 문장을 소개해주는 아주 좋은 방법입니다. 특히 부모의 영어 실력이 부족한 경우라면 책은 더욱 유용한 도구가 될 수 있죠.

먼저 아이의 수준에 맞는 책부터 시작하는 것이 중요합니다. 아동교육 분야에서 자주 언급되는 비고츠키의 이론에 따르면, 아이에게 주어지는 자극이 아이 혼자서 쉽게 해낼 수 있는 수준보다 약간만 더 어려울 때 가장 효과적으로 배울 수 있다고 합니다.

외국어 책도 마찬가지예요. 쉬운 책부터 시작하는 게 좋아요. 부모가 읽어주는 동안 아이가 단 한 가지도 이해할 수 없다면 금방 관심을 잃습니다. 적어도 '아, 이 물체를 지칭하는 단어인가 보다' 하는 추리 정도는 할 수 있을 정도로 직관적이고 쉬운 책이어야 해요.

처음에는 굳이 영어 그림책을 새로 구입하지 말고, 아이에게 처음 읽어주었던 가장 쉬운 한국 책들을 활용해보세요. 그림을 가리키면서 사물의 이름을 영어로 불러주기만 해도 좋고요. 아이가 좋아해서 수십 번 본 책이 있다면 더 좋습니다. 아이는 이미 그림의 의미를 잘 이해하고 있을 테니, 이해하는 내용과 새로 들은 영어를 더 잘 매칭할 수 있을 거예요.

아이가 아직 영어에 익숙하지 않거나 매일 보던 익숙한 한국어 대신 영어가 들려와서 거부 반응을 보인다면? 한국어로 그 페이지 혹은 그 책 전체를 한 번 읽어준 뒤 다시 영어로 읽어주세요. 그렇게 서서히 익숙해지다 보면 어느 날은 영어로만 읽어주어도 끝까지 듣기 시작합니다. 이렇게 한국어와 영어로 번갈아가며 읽어주거나 말하는 것(코드 스위칭)이 괜찮은지에 대해서는 뒤에서 다시 설명할게요.

그 외에도 영어 그림책만으로만 구성된 전집이나 마음에 드는 단행본을 조금씩 구입해도 됩니다. 특히 한국어 그림책을 더 이상 부모가 영어로 번역하기 버거운 시점에 그러한 선택으로 넘어가게 되죠. 영어 그림책을 본격적으로 읽기 시작하면서 아이가 영어를 거부할 때도 있어요. 이건 한국어가 훨씬 편한 저희 다미도 마찬가지였습니다. 저는 되도록 강요하지 않으면서 여러 가지 접근법을 복합적으로 활용했습니다.

✦ 아이의 영어 그림책 거부 극복기

첫 번째로, 아이가 좋아하는 테마나 취향의 그림책들을 최대한 골라서 구입했어요. 예를 들어 공주를 좋아하는 시기에는 디즈니 공주가 나오는 영어 그림책에 더 호의적이었습니다.

두 번째로는 아이가 흥미를 보이는 책의 특성을 분석하여 최대한 비슷한 책으로 구입하고자 했습니다. 제가 구입한 책들 중 다미가 좋아하고 여러 번 읽어달라고 했던 책에 모 윌렘스Mo Willems의 『엘리펀드 앤 피기Elephant and Piggie』 시리즈가 있어요. 그 책은 두 주인공의 대화로만 이루어져 있고 등장인물의 행동을 서술하는 내레이션이 없어요. 그래서 다미가 평소에 저와의 대화에서 들었던 일상체와 더 가깝게 느껴지고 쉬웠던 것 같습니다.

그렇게 대화 위주로 구성된 책들을 찾아 구입했고, 향후에는 시리즈로 된 만화책도 같이 읽으면 좋겠다고 생각하고 있어요(예를 들면 『땡땡tintin』 시리즈).

세 번째로는 한국어로 이미 접한 시리즈물의 영어 버전을 구했습니다. 이 경우 이미 그 책에 대해 '재미있다'는 긍정적 이미지가 형성되어 있기에 거부하지 않고 더 잘 받아들이는 것 같아요. 이렇게 성공했던 책 중에는 『위니 더 위치Winnie the Witch』 시리즈가 있는데요. 도서관에서 서너 권 한국어로 읽고 나서 다미가 캐릭터나 세계관에 흥미를 느끼는 것 같기에, 인터넷으로 영어 원서를 구입했어요. 모든 책을 반복적으로 재미있게 잘 봤습니다.

또 다른 사례는 『큐리어스 조지Curious George』 시리즈인데, 집에 있던 『네버랜드 세계의 걸작』 전집에 이 시리즈의 한국어판이 몇 개 있었거든요. 호기심 많은 이 꼬마 원숭이의 이야기를 즐겁게 읽은 뒤 인터넷으로 영어 원서 시리즈를 구입해서 보여주었더니 잘 봤습니다.

네 번째로 잠자리 독서 루틴에 영어 그림책을 꼭 하나 포함하고, 이를 일관되게 밀어붙여 자연스럽게 받아들이게 했습니다. 저희 집에서는 자기 전에 책을 5권, 원하면 6권까지 읽는 잠자리 독서 루틴이 있거든요. 다미가 4권 혹은 5권을 골라오면, 제가 영어 그림책이 꽂힌 책장에서 한 권을 골라 읽습니다. 영어 그림책은 보통 마지막에 읽는데, 읽기 싫다고 하면 물론 읽지 않아도 됩니다. 하지만 아이들은 보통 자는 것보다는 영어 그림책을 읽고 싶어하기 때문에, 자발적으로 영어 그림책까지 읽게 될 거예요.

저는 아이와 평소 영어 대화 루틴이 있기 때문에, 그리고 한국어 그림책을 충분히 읽는 데 더 우선순위가 있기 때문에 하루에 한 권씩만 꾸준히 읽어도 충분하다고 생각합니다. 그러나 부족하다 느낀다면 아이가 거부하지 않는 선에서 영어 그림책의 비중을 좀 더 높여도 괜찮아요.

영어 그림책을 고를 때 주의할 점이 있습니다. 시중에 나온 영어 그림책들이 '교육'을 목적으로 나온 경우가 많다 보니, 이야기로서의 완성도는 떨어지는 경우도 꽤 있어요. 이런 경우 아이들이 영어 그림 책은 한국어 그림책에 비해 재미없다고 느끼게 될 수도 있죠. 예를 들어 학원 교습용으로 나온 읽기 교재를 무더기로 구입하여 집에 쌓아 놓는다면 영어 그림책을 즐겁게 읽는 시간을 만들기 어려울 수도 있습니다.

따라서 부모가 보기에도 스토리가 흥미롭고 그림이 다채로운 책을 택하는 게 좋습니다. 혹은 해외에서도 아이들이 잘 읽는 책인지도 고려해서 선정해보세요. 영국의 어린이 독서를 지원하는 단체인 '북트러스트 Book trust'의 홈페이지에 가면 추천 도서 목록을 쉽게 구할 수 있어요.(www.booktrust.org.uk/books-and-reading/bookfinder)

노래로 문장을 배워요

영어 노래를 음원으로 들려주는 것만으로는 언어 학습 효과가 없습니다. 부모가 노래를 직접 부르는 걸 듣는 것이 더 효과적이죠. 아이가 함께 따라 부르거나 리듬에 맞춰 춤을 출 수 있도록 독려해주면 더 좋아요.

많은 이중언어 전문가들이 노래를 외국어 학습을 촉진하는 효과적인 수단으로 언급합니다. 일단 노래는 아이가 즐길 수 있는 활동이기도 하고요. 노래 형태로 말을 배우는 건 특별한 힘이 있어요. 한 연구에 따르면, 외국어의 한 문장을 말로 따라 읽어보는 것에 비해, 똑같은 문장을 노래로 불렀을 때 더 학습 효과가 높았다고 합니다.[53]

어린아이들이 부모의 도움으로 음악에 맞춰 악기를 연주하거나 몸을 움직이는 '음악적인 경험'을 자주 하면, 전반적인 언어 발달에도 도움이 됩니다. 언어나 음악을 들을 때 모두 소리의 높낮이나 강약, 길이 등의 차이에 더 주목하게 되기 때문이에요. 어린아이들의 경우 소리를 처리하는 뇌의 영역이 계속 발달 중이죠. 이때 다양한 높낮이와 리듬을 듣는 것이 음악적인 감각이나 언어적인 감각 모두를 발달시키는 데 도움이 된다는 다수의 연구 결과가 있습니다.[54]

다만 그냥 음악을 틀어놓기만 한다고 되는 것은 아니에요. 말이라는 소리 자극이 녹음된 형태로 제시되었을 때. 사회적인 신호가 부족하면 아이들이 '의미 있는 정보'로 받아들이지 않는다고 했죠. 음악 역시 마찬가지인 것으로 보여요.

음원이나 영상을 틀더라도, 영어 가사로 된 쉬운 노래들nursery

rhymes을 불러주면서 아이와 즐거운 상호작용의 시간을 가지는 게 좋아요. 아이의 손을 잡고 리듬에 맞춰 함께 북을 친다거나, 아이의 허리를 잡고 리듬에 맞춰 점프를 시켜주는 등 리듬과 움직임이 조합된 적극적인 활동을 해보세요. 이를 통해 언어와 관련된 뇌 발달을 촉진할 수 있습니다.[55] 스코틀랜드 북 트러스트 홈페이지에서는 아이와 놀 때 활용하기 좋은 노래와 라임들을 소개하고 있습니다.(www.scottish-booktrust.com/songs-and-rhymes)

영어 영상을 활용해요

앞서 이야기했듯 영상을 보여주는 것만으로는 언어 학습이 제대로 되지 않습니다. 특히 아이가 어릴수록 더욱 그렇죠. 그렇지만 영상도 유용하게 활용할 수 있는 방법들이 있습니다.

먼저 영상 노출 시간은 전반적인 발달과 연령을 고려하여 최소한으로 정합니다. 영어를 가르치겠다고 아이의 전반적인 능력치과 발달에 미치는 영향에 눈을 감아서는 안 되겠죠.

미국소아과학회는 '두 돌 미만의 아이에게는 영상을 절대 보여주지 말라'는 가이드를 내렸는데요. 이건 각자의 육아 상황에 맞게 유연하게 적용할 필요가 있다고 생각해요. 다만 1대 1 육아를 하면서 절실하게 필요해서 영상을 활용하는 것이 아니라 '영어를 가르치기 위해' 영상을 활용하는 것이라면 두 돌 이전에는 자제하는 것이 좋다고 봐요.

일단 연구 결과들을 보면, 두 돌 미만 아이들이 영상을 통해 영어를 얼마나 습득하게 되는지 그 효과가 크게 의심됩니다. 그리고 아이가 어릴수록 영상 노출이 빼앗아가는 부모와의 상호작용이나 신체활동의 기회가 더욱 소중하거든요.[56]

두 돌 이후에는 영상 시청을 조금씩 늘려나가도 됩니다. 하지만 어찌됐든 영상 시청이 길어질수록 다른 '더 소중한 발달의 기회'를 잃게 된다는 사실은 염두에 두길 바랍니다.

저의 경우에는 다미가 30개월 무렵부터 영어 영상을 조금씩 보여주기 시작했는데요. 평일에는 어린이집을 다녔던지라 영상을 볼 시간이 별로 없었고 주말에 하루 30분, 최대 한 시간까지 보여주었어요. 만 5세인 지금도 평일에는 같은 이유로 잘 보지 않고, 주말에 한 시간 정도씩 영상을 시청합니다. 이때 영어 영상과 한국어 영상을 번갈아가면서 보는 편입니다.

영상을 잘 선택하는 것도 중요해요. 아이가 어릴수록 너무 자극적이고 전개가 빠르거나, 교육보다는 흥미 위주이기만 한 영상은 지양하는 게 좋습니다. 부모가 보기에 좀 심심하다, 잔잔하다 싶은 정도의 영상이 좋아요.

제가 유튜브와 네이버 포스트 등을 통해 영상들을 추천했습니다. 그중에서 세 가지를 소개할게요. 전체 추천 리스트가 궁금하다면 QR 코드를 통해 영상에서 확인해보세요. 꼭 이 안에서 고른다기보다는 이런 게 잔잔하고 심심한 영상이라는 걸 감을 잡은 뒤에 판단해보길 바라요.

3. Sarah and Duck

느린 속도	★★★★☆
현실감	★★☆☆☆
쉬운 언어	★★★☆☆

차분하고
따뜻한 스토리,
긍정적인 롤 모델

또한 가능하면 부모가 아이와 함께 시청하며 영어로 상호작용을 곁들이는 게 좋습니다. 영상만 쭉 보는 게 아니라 중간중간 멈춰가며 영상의 내용에 대해 대화하면 더 좋고요. 특히 부모의 영어 능력이 다소 부족한 경우, 무無에서 영어 문장을 만들어내는 것보다 영상에서 보고 들은 것에 기반하면 훨씬 쉽게 문장을 만들 수 있다는 장점이 있어요. 함께 영상을 보고 이야기하는 과정을 통해 아이의 영어 수준뿐 아니라 부모의 영어 수준 역시 향상될 거예요.

영상 시청은 아이들이 무척 좋아하지만 부작용도 있기에 부모가 가진, 최소한으로만 사용해야 하는 특수 카드 같은 것이죠. 이를 바이링구얼 육아에 현명하게 활용한다면 상당한 도움이 될 것입니다.

영상을 영어로만 보여준다는 원칙을 꾸준히 지켜보세요. 아이 입장에서는 재미있는 영상을 보고 싶으면 영어를 사용해야 하고, 영어를 이해하려고 노력해야 한다는 강력한 이유가 생기게 되니까요(유용함+1).

베싸가 DVD 플레이어를 구입한 이유

저희 집엔 TV가 없어서 어른들도 넷플릭스와 같은 OTT 플랫폼을 이용하여 태블릿 PC로 콘텐츠를 시청했어요. 자연스럽게 다미에게 영상을 보여줄 때도 OTT 플랫폼을 주로 이용했습니다.(당시에는 제가 추천했던 영상들 중 <도라도라의 영어나라>, <대니얼 타이거>, <사라 앤 덕> 등을 OTT로 볼 수 있었어요. 라이선스 정책이 자주 바뀌기 때문에 어떤 OTT 플랫폼에서 시청이 가능한지 수시로 체크해야 합니다.)

그런데 시간이 흐르면서 OTT 플랫폼이나 유튜브로 영상을 시청할 때의 단점이 느껴지기 시작했어요. 아이는 결국 그 플랫폼에 다른 영상들이 있다는 것을 경험으로 알게 되고요. 그래서 부모가 고른 영상 말고 다른 영상들을 보려고 하게 됩니다.

더군다나 한국어 영상이 보통 함께 있기 때문에, 아이들은 자연스레 '왜 한국어 영상은 보면 안 되고 영어 영상만 봐야 하는가'에 의문을 가지고 저항하기 시작합니다. 이 과정에서 쓸데없는 실랑이가 생기죠.

그래서 저도 처음에는 '이렇게 스트리밍 플랫폼이 발달한 시대에 대체 왜 구식 DVD 플레이어를 사용하는가' 하고 회의적인 입장이었어요. 그러나 결국에는 화면이 딸린 휴대용 DVD 플레이어를 구입했습니다.

화질은 요새 기준으로 그리 좋지 않은 편입니다만, 아이들은 별로 신경쓰는 것 같지 않아요. 집에 있는 DVD 이외에는 선택이 불가능하기 때문에, 다른 영상에 대한 유혹이 원천적으로 차단됩니다. 그래서 부모가 골라서 구매한 DVD 내에서 안전하게 보여줄 수 있다는 장점이 있습니다.

또한 무수한 선택지가 있는 유튜브나 OTT 플랫폼보다, 제한된 개수의 실물

DVD 중에서 고를 때 아이 입장에서도 더 선택하기 수월해 보였어요.

DVD 플레이어를 사용하고 싶지 않은 부모도 있을 텐데요. 그런 부모들에게 팁을 하나 주자면, OTT 미디어에서도 부모가 미리 다운로드해둔 제한된 영상들만 노출되게 할 수 있습니다.

그러니 미리 다운로드를 해두고, 태블릿 PC를 비행기 모드로 해둔 다음 아이에게 콘텐츠를 선택하도록 하면 됩니다. 그것도 아이가 좀 크면 비행기 모드를 풀어버리거나 온라인 모드의 존재를 인지하고 바꿔달라고 요구하기도 하지만요.

다양한 장소와
다양한 사람을 만나요

아이의 언어 수준을 보다 높이고 싶다면 다양한 맥락의 언어 경험을 장려해주는 것도 좋은 방법입니다. 물론 그림책 읽기도 사용할 수 있는 하나의 전략이라고 볼 수도 있어요. 간접적으로 세상을 경험할 수 있는 방법이니까요. 여기서는 직접적인 세상 경험에 대한 얘기를 해보겠습니다.

아이에게 들려주는 말이 식사, 양치, 집안일 등의 영역에 머무르는 것에는 장단점이 있습니다. 반복 학습을 통해 집에서 자주 쓰는 특정 문장 패턴들이 더 뇌에 각인되고, 향후 더 빠르고 자연스럽게 처리되겠죠.

하지만 그 이상으로 부모와 아이의 영어 실력을 향상시키고 싶다면 집 밖으로 나가서, 다양한 맥락과 환경에 처해보면서 해당 상황에 맞는 언어를 들려주는 것도 좋아요.

또 집에서만 대화하다 보니 너무 단조롭고 반복되는 내 영어에 나도 좀 질린다 싶을 수도 있어요. 그렇다면 바이링구얼 육아 시간에 다양한 장소에 가보면 신선한 분위기 전환이 될 거예요.

아이에게 집 안에서뿐만 아니라 은행, 서점, 수영장, 놀이동산, 카페, 공원, 동물원 등을 방문했을 때 들을 수 있는 표현들을 들려준다면, 아이의 언어 지평이 크게 넓어지고 다양한 어휘를 경험하는 계기가 될 거예요. '장수풍뎅이'는 영어로 뭐라고 하지? 부모도 새로운 단어를 찾아보는 재미가 쏠쏠하죠.

한걸음 더 나아가, 아이와 해외 여행을 가는 것도 바이링구얼 육아에서는 특별한 경험이 될 수 있습니다. 콜린 베이커 교수는 저서 『부모와 교사를 위한 바이링구얼 가이드』에서 이렇게 말했어요.

"아이에게 집 안(가정)에서의 '언어 섬'이 다른 곳의 '언어 영역' 및 '언어 공동체'와 연결될 수 있다는 것을 일찍 깨닫게 해주는 것이 중요하다."[57]

이 말을 영어에 대입해볼게요. '언어 섬'이라는 건 가족 공동체라는 고립된 공간에서만 영어를 활용하는 상황을 의미합니다. '언어 영역'이라는 것은 영어를 사용하는 나라를 뜻하고요. '언어 공동체'라는 건 영어를 사용하는 사람들의 모임을 뜻하죠.

즉 아이가 '집에서만 영어를 사용해왔는데, 미국에 가보니 영어만 쓰는 사람이 엄청나게 모여 있네!'라고 깨닫는 것이 언어 습득에 있어 중요한 이벤트가 될 수 있다는 거예요.

베이커 교수에 따르면, 심지어 해당 언어를 쓰는 나라에서 2주간 머무르는 것만으로도 드라마틱한 언어 발달이 일어나는 경우가 있다고 해요. 언어를 듣고 이해할 수는 있지만 적극적으로 말하지는 않았던 아이가 그 나라를 방문한 후 적극적으로 그 언어를 말하게 되는 경우가 적지 않다고 합니다. '왜 이 언어를 써야 하는가?'에 대한 의심과 불안이 확신과 자신감으로 바뀌는 계기가 되기 때문이에요.

한국에서는 교육이 아닌 살아 있는 언어의 형태로 영어를 경험하는 게 쉽지 않습니다. 다양한 문화권의 사람들이 섞여 살아가는 나라들에 비해, 한국에서는 아이 입장에서 외국어로 말하는 사람들을 접할 기회가 많지 않기 때문이죠.

앞에서 언급한 것처럼 바이링구얼인 아이들은 더 열린 사고를 가진 경향이 있다고 합니다. 주변에서 항상 다양한 언어로 말하는 사람들을 만나며 사는 것과 한국어로 말하는 사람들 사이에서만 사는 것은 사고방식에 차이를 만들 수 있겠죠. 그런 점에서 한국 아이들은 미국이나 유럽 아이들에 비해 좀 더 폐쇄적일 수 있을 거예요.

그래서 집 안에서 다양한 언어를 들려주는 것이 이 불리함을 극복하는 하나의 방법이 될 수 있어요. 이것이 한국에서 아이를 바이링구얼로 키우는 또 하나의 장점이기도 합니다.

물론 당장 아이를 데리고 영어권 국가를 방문하는 것은 어려운 일일 수 있습니다. 하지만 외국어 습득은 장기전이니까요. 향후 기회가 생겼을 때 아이와 함께 해당 언어를 쓰는 나라를 방문한다면 아이의 언어가 한층 도약하는 계기가 될 수 있다는 사실을 기억해두세요.

개인적인 경험으로는, 꼭 영어권 나라에 가지 않더라도 해외 여행은 아이의 언어는 물론 사고의 지평을 넓히는 계기가 되는 것 같습니다. 아이 있는 집이 많이들 그렇듯 저희 집도 아이가 생긴 후 물놀이 하기 좋은 동남아로 여행을 많이 갔는데요. 다미가 좀 크고 나서 현지어에 상당한 관심을 보인다는 것을 느꼈어요.

"저 사람은 한국어로 말하면 못 알아들어?", "베트남 말로 '안녕하세요'는 어떻게 해?", "엄마는 왜 저 사람한테 영어로 말해?"

아이는 '저 사람은 어떤 언어로 소통할 수 있는 사람인가'에 상당한 관심을 보였어요. 현지어로 간단한 인사를 수줍게 건네며 뿌듯해하기도 했죠. 이처럼 해외 여행은 아이가 새로운 문화권과 언어에 관심을 가지게 되는 계기가 될 수 있습니다.

영어 노출 시간은 서서히 늘려요

아기를 키울 때는 언어뿐 아니라 모든 분야에 있어서 조심스럽게 변화를 주어야 합니다. 아직 어린아이라면 한국어로만 말하던 부모가 갑자기 다음 날부터 세 시간씩(깨어 있는 시간의 30%) 영어로 말하게 되면 적응하기 어려울 수 있어요. 아이들은 아직 이 세상을 어렵고 불안한 곳으로 느끼기 때문에 매일 반복되는 루틴과 예측 가능한 스케줄 속에서 안정감을 느끼는 경향이 있어요.

그러므로 처음부터 3단계 노출 수준을 목표로 계획했다고 해도, 갑자기 영어 사용 시간을 확 늘리지는 마세요. 하루 중 영어를 사용하는 비중 자체를 서서히 늘려나가는 것이 바람직합니다. 부모도 적응하는 기간이라고 생각하면서, 너무 조급하지 않게 영어가 친숙해지는 일상을 만들어가세요.

저의 경우에는 아이가 18개월이었을 때 시작했어요. 아침 먹는 30분 정도의 시간을 영어로 주고받는 시간으로 정했죠. 그러다가 양치하고 씻는 시간, 옷 입는 시간, 등원하기 전에 잠깐 노는 시간 등 조금씩 영어 대화를 하는 시간을 늘려나갔고요. 결국 등원 전 1~2시간 정도로 정착하게 됐습니다.

유아지향적 언어를 사용해요

유아지향적 언어는 학술적으로는 'Child-Directed language'라고도 하고, 간단하게는 엄마가 쓰는 말이라는 뜻으로 'Motherese' 혹은 성중립적으로 부모가 쓰는 말이라는 뜻으로 'Parentese'라고도 합니다.

"우리 아가 맘마 먹／었＼쩌／여?"

이 문장을 아기에게 하듯 한번 따라 해보세요. 그리고 "우리 아가 맘마 먹었어요?"라고 성인에게 하듯 다시 말해보세요. 말의 억양이나 높낮이가 비슷하지만, 아기에게 말할 때 억양의 차이가 훨씬 더 강조될 거예요.

대다수의 부모가 아기에게 이런 톤으로 말하는 것은 단순히 특정 지역의 문화적인 이유만은 아닙니다. 이건 전 세계적으로 관찰되는 현상이에요. 여러 연구에 따르면, 부모가 아이에게 유아지향적 언어를 더 많이 사용할수록 아이의 언어 발달에 도움이 된다고 해요.[58]

더 강조된 억양과 느린 속도로 아이에게 말할 때, 아이는 그 말속의 단어들을 더 쉽게 구분해낼 수 있습니다. 그뿐 아니라 언어의 음률적인 특징들을 더 빨리 익힐 수 있어요.

영어도 마찬가지예요. 유튜브에서 해당 언어권 엄마들이 아기에게 어떤 식으로 이야기하는지 브이로그 등으로 한번 찾아 들으며 감을 익혀보세요.(문화적 특성상, 더욱 높은 음과 리듬감을 활용하는 경향이 있어 약간 낯설게 들릴 수도 있습니다.)

꼭 똑같이 따라 하지 않아도 괜찮아요. 영어로 말할 때 느리게, 그리고 억양을 최대한 과장해서 살린다는 느낌으로 말해주는 것만으로 아이의 영어 습득 속도가 달라질 거예요.

또 흥미로운 한 연구에 따르면, 어른이 '행복한 톤의 목소리'로 말했을 때 아이가 더 집중해서 언어를 많이 배울 수 있다고 해요.[59] 유아지향적인 언어를 사용하면 자연스럽게 행복한 톤이 나오는 경우가 많다는 사실을 기억하세요.

제스처를
적극적으로 사용해요

제스처는 모국어 발달에도 도움이 되는 중요한 비언어적 소통의 도구입니다. 아직 언어를 습득 중인 아기에게는 표정이나 몸짓 등을 적극적으로 활용하는 것이 좋습니다. 아기가 들리는 언어에 관심을 가질 수 있게 유도하면서 의미도 잘 전달될 수 있도록 도와주어야 해요. 아직 어린 아이들은 어른보다 비언어적 신호들(몸짓, 표정, 목소리의 높낮이, 강세, 시선처리 등)에 더욱 민감하기 때문이에요. 이러한 신호들을 적극적으로 활용하면 잘 모르는 문장의 의미도 유추할 수 있게 됩니다.

영어로 아이에게 말을 건넬 때에는, 그림책을 읽어줄 때에 비해 명확한 시각적 단서가 없을 때도 많죠. 그렇기 때문에 제스처를 적극 활용하지 않는다면 아이가 의미를 잘 이해하지 못할 수도 있어요. 그런 경험이 반복되다 보면 영어는 '어려운 말'로 인식되어, 거부의 가능성이 더 높아지죠. 최대한 아이가 알아들을 수 있도록 제스처와 같은 비언어적 도구로 소통을 스캐폴딩(Scaffolding, 학습자의 학습을 용이하게 하는 사회적인 도움)을 해주세요.

가장 유용한 제스처는, 포인팅Pointing이라고 하는 손가락질입니다. 지금 일어나는 대화의 주제가 무엇인지에 아이의 주의를 주목하게 하는 것이죠. 예를 들어 부모는 "Do you wanna go outside?(밖에 나가고 싶어?)"라는 말을 그냥 할 수도 있지만, 현관문 쪽을 손가락으로 가리키며 할 수도 있죠. 만약에 말하고자 하는 대상이 눈앞에 명확하게 있지 않다면, 알아들을 가능성이 더 낮아지기 때문에 더 적극적으로 몸짓으로 표현해주면 좋습니다.

다미가 두 돌 정도 되었을 때 제가 다미에게 이런 말을 한 적이 있어요. 이걸 알아들을까 고민하다가 해봤는데, 알아듣고 제대로 반응해 주어서 조금 놀랐었죠. 다미가 놀이터에 가고 싶다고 해서 나온 상황이었습니다.

"(손가락 2개를 펼치며) You know, we have two different playgrounds.

두 가지 놀이터가 있어.

One playground has swings, you know, back and forth

하나는 그네가 있는 놀이터, 알지, 앞뒤로

(그네 줄을 잡고 몸을 앞뒤로 흔드는 시늉을 한다.)

and the other playround has a trampoline that you can jump on.

다른 하나는 점프할 수 있는 트램폴린이 있는 놀이터.

(몸을 아래위로 흔들며 점프하는 흉내를 낸다.)

Which one do you prefer?"

어디가 좋아?

그러자 다미가 "점프 점프!"라고 답하더군요. 그래서 저는 이렇게 말해줬습니다.

"Okay, first trampoline

좋아, 트램폴린 먼저

(트램폴린이 있는 놀이터 방향을 손가락으로 가리킨다),

and then swings."

그러고 나서 그네.

(그네가 있는 놀이터 방향을 손가락으로 가리킨다)

물론 바이링구얼 육아 4년차인 지금은 이렇게까지 하진 않습니다. 아이가 어리고, 아직 영어를 잘 알아들을까 확신이 부족한 경우에 더 적극적으로 제스처를 써주세요.

연령에 맞는 접근법으로
성공률 높이기

앞서 바이링구얼 육아의 실천 방법에 대해 알아보았는데요. 제가 어떤 콘텐츠를 올리더라도 매번 받는 질문이 있습니다.

"몇 개월부터 적용 가능한가요?"

"저희 아이는 벌써 초등학생인데, 너무 늦은 걸까요?"

지금 우리 아이에게 적용 가능한지 궁금한 건 당연하겠죠. 이 책을 읽는 부모 중에는 아직 출산 전인 부모도, 초등학생 아이를 키우는 부모도 있을 거예요.

아이들의 모국어 습득 시기에는 다소 개인차가 있지만 대부분 비슷하게 배웁니다. 하지만 바이링구얼 육아의 경우 시작 연령이 제

각각입니다. 또한 외국어는 모국어와 달리 아이들의 삶에 강력한 필요성이 있는 게 아니죠.

그렇기 때문에 지속적으로 바이링구얼 육아를 해나가기 위해서는 아이들이 영어에 좋은 감정을 느끼도록 언어 플랜을 신중하게 짜야 합니다. 제각기 다른 아이들의 발달 단계를 고려해서요.

아이가 지속적으로 영어와 좋은 관계를 맺고 삶의 유용한 도구로 활용할 수 있도록 돕는, 연령대별로 신경쓰면 좋은 지점에 대해 자세히 알아보겠습니다.

 ## 0~24개월에 시작하는 경우 :
모국어가 더 중요해요

이렇게 어릴 때 시작하는 경우에는 아이의 언어 수준 자체가 아직 낮기 때문에 크게 어려움이 없습니다. 저도 다미가 18개월인 시기에 바이링구얼 육아를 시작했어요.

아이에게 들려주는 한국어도 영어도 아이의 언어 수준에 맞게 쉬운 말들로 이루어져 있어요. 추상적인 말보다도 '지금, 여기' 이 순간의 상황에 대한 구체적인 말들을 들려주게 되므로 아이가 각종 비언어적 신호들을 활용해서 이해하기도 더 쉬워요. 간단한 영어로 즐겁게, 눈 앞에서 벌어지는 일들을 설명해주거나 아이의 행동을 말로 표현해주면서 한국어와 영어 모두로 소통하는 경험을 쌓아나가세요.

이 시기에 바이링구얼 육아를 시작한다면 주의해야 할 점이 두 가지 있습니다.

첫째, 영어가 한국어만큼 편하지 않다면 영어로 말해주는 비중을 지나치게 높이지 말아야 합니다. 이 시기 아이들은 영어를 거부할 가능성이 낮아요. 그래서 특히 영어 실력이 수준급인 부모는 영어를 잘 알아듣고 지시도 수행하는 아이가 신기하고 재미있을 거예요.

그래서 영어로 말하는 시간이 자꾸만 늘어날 수 있는데요. 아이가 다양한 언어에 노출되는 것 자체는 문제가 되지 않습니다. 그러나 아마 부모들 중 대다수는 한국어로 자랐을 것이고, 한국어를 할 때 표현할 수 있는 정서의 폭도 더 클 거예요.

내가 영어로 타인과 어느 정도 소통할 수 있다 할지라도, 아이와는 깊은 유대감과 관계를 쌓아나가야 하는 특별한 관계에 있습니다. 따라서 부모가 가장 정서적으로 편하고 유창한 모국어로 충분한 소통의 시간을 확보하는 것이 중요해요.

특히 만 2세 정도로 어린 아이들은 부모와의 밀도 높은 상호작용과 풍부한 언어 환경을 바탕으로 언어와 정서를 발달시켜요. 이 중요한 시기에 아이들과 바이링구얼 육아를 한다면, 모국어 소통이 소홀해지지 않도록 균형을 잡길 바랍니다.

그림책이나 영상의 경우에도 마찬가지입니다. 사실 이 시기에는 영어로 그림책을 읽어주기도 가장 쉽습니다. 아직 한국어와 영어의 수준 차이가 크게 나지 않거든요. 아이에게 한국어 그림책을 읽어주었을 때보다 때보다 영어 그림책을 읽어주었을 때 좀 더 알차고 교육적으로 뿌듯한 시간을 보낸 것 같은 느낌이 들 수도 있어요.

그러다 보면 자연스레 영어 그림책의 비중이 자꾸 높아질 수 있습니다. 욕심이 자꾸 나는 거죠.

아이에게 소리내어 책을 읽어주는 것은 특히 아이의 표현 언어 발달에 긍정적인 영향을 미칩니다. 다양한 사람과 대부분의 시간에 한국어로 소통하고 관계를 맺으며 감정 조절도 잘하려면 한국어의 표현 언어가 잘 발달되는 것이 중요하죠. 따라서 한국어 그림책을 읽어주는 시간을 충분히 확보하고, 영어 그림책은 부가적으로만 사용해주세요.(저는 한국어와 영어 책의 비율을 8 대 2로 항상 유지했습니다.)

둘째, 영어로 말할 때 난이도가 너무 높아지지 않도록 해주세요. 부모가 가장 편한 한국어로 말할 때는 아이가 잘 알아듣고 있는지 살펴보고 그에 맞게 난이도를 조절하는 것도 더 잘합니다. 자연스럽게 억양이나 표정, 제스쳐 등을 활용하는 것도 더 수월하죠.

반면 영어로 말할 때는, 특히 아직 영어 수준이 그리 높지 않아 통으로 외워서 주로 말하는 경우에는 한국어만큼 능숙하게 아이에게 맞추지 못할 가능성도 있어요.

예를 들어 '하루에 10문장씩 새로운 문장을 계속 외워서 말해줘야지' 하는 마음으로 무리하게 확대해나간다면 부모에게도 아이에게도 부담이 될 수 있어요. 부모가 외운 새로운 문장들은, 아이의 수준에 맞게 잘 고심해서 선정하고 다듬어진 문장이라기보다는 외부에서 조달한 문장일 가능성이 높기 때문입니다.

그러니 아주 쉬운 문장에서 시작해 충분히 반복하세요. 그 문장들을 단어만 살짝씩 변형해보면서 난이도를 조금씩 높여나가길 권합니다. 이렇게 하지 않고 영어가 전반적으로 너무 어려워진다면, 아이에게 영어는 '이해하기 더 어려운 언어'로 인식되겠죠. 그러면 아이는 슬슬 영어를 거부하기 시작할 거예요.

24~48개월에 시작하는 경우 : 조심스럽게 접근해요

이 시기에 바이링구얼 육아를 시작한다면 아마도 아이의 영어 거부에 직면하게 될 가능성이 높습니다. 한국어가 이미 편한 상태에서, 익숙하게 듣던 한국어 대신 부모가 영어로 말을 하기 시작하니 그럴 수밖에요.

이 시기에 시작하게 되었다면, 아이가 언제든지 "영어 싫어!"라고 외칠 수 있다고 가정하고, 최대한 조심스럽고 점진적으로 접근해 주세요.

점진적으로 접근한다는 것은, 내가 그렇게 할 수 있다 할지라도 시작하는 첫날부터 한 시간씩 영어로 떠들지 않는다는 뜻입니다. 예를 들어 놀이 중에 살짝 제스처를 곁들여 "The car rolls down!(자동차가 굴러내려가네!)"이라고 해보세요. 아이가 혼란스러운 눈빛을 보낸다면 웃으면서 "자동차가 슝~ 내려가네!"라고 한 번 더 한국어로 말해주어도 좋아요.

초반에는 아이가 이해하지 못하는 순간이 당연히 많을 거예요. 그래서 너무 자주 그렇게 하다 보면 놀이나 소통의 흐름이 뚝뚝 끊기고, 아이는 이에 대해 짜증이 날 수 있어요. 우리도 영어로 지문을 읽다가 모르는 단어나 표현이 자꾸 나와서 흐름이 뚝뚝 끊기면 불편함을 느끼듯이 말이죠. 몇 살에 시작하든 늦지 않았으므로, 조급함을 버리고 천천히 스며들듯 영어 소통 시간을 늘려가세요.

아이가 즐거워하는 활동이나 조금 특별한 놀이로 시작하는 것도 좋은 방법입니다. 육아를 하다 보면 치트키처럼 좀 아껴놓았다가 하게 되는 활동이 있죠? 준비와 뒷정리가 필요한 촉감놀이라든지 요리나 베이킹이라든지 물놀이라든지. 그런 것들 중 비교적 매일 하기에 부담 없는 것을 골라서 그 시간에는 영어로 하는 거예요. 아니면 어린 아이들용 보드게임을 구매해서 영어로 해도 좋아요.

이는 '과제 중심 언어 교수법(Task-based language learning)'이라고 하는 것으로, 즐거운 정서를 느끼면서 외국어를 배울 수 있는 장점이 널리 입증된 방법입니다.(말하자면 '원어민과 함께하는 베이킹 교실'과 같은 것이죠.) 초반에 이런 활동들로 영어에 대한 거부감은 줄이고 긍정적 정서를 형성한 뒤에, 점차 다른 영역에서도 조금씩 영어를 활용하는 방향으로 넓혀갈 수 있어요.

영상을 활용하는 것도 괜찮은 방법입니다. 이 시기 아이들은 부모와 함께 영상을 시청하면서(co-viewing) 언어를 어느 정도 습득할 수 있습니다. 쉽고 아이 수준에 맞는 영상을 고르세요. 아이와 함께 영상을 보면서 간단한 표현을 따라 말하기도 하고, 영어로 추임새도 넣어주세요. 스토리가 있는 영상이 아닌 노래가 나오는 영상을 보면서 영어로 즐겁게 노래를 부르는 것도 괜찮습니다.

다만 하루에 이 활동을 하는 시간이 너무 길어지지 않도록 주의해야 합니다. 본격적으로 영어로 일상 대화를 하기 전에 이런 활동을 통해 조금씩 영어 대화를 넓혀나간다면, 아이와 영어의 첫만남이 더 긍정적일 것입니다.

물론 이렇게 노력하더라도 아이는 "영어 싫어!"라고 거부할 수 있습니다. 거부에 대처하는 자세에 대해서는 4부에서 좀 더 살펴볼 테니 걱정하지 마세요.

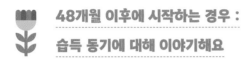

48개월 이후에 시작하는 경우 :
습득 동기에 대해 이야기해요

종종 "48개월 이후에 시작해도 되나요?"라고 묻는 분들이 계세요. 이 나이대의 아이들과는 더 잘 소통할 수 있습니다. 초반에 영어를 만났을 때 좀 답답하고 불편한 것도 부모님이 이유를 잘 설명한다면 조금 더 잘 조절해나갈 수 있는 시기죠.

아주 어린 아이들에 비해 더 '뭣도 모르고' 스며들듯 습득하는 것은 어려울 수 있어요. 반면에 이렇게 더 발달된 인지와 소통 능력을 활용할 수 있다는 장점이 있죠.

아이와 이 세상의 다양한 언어에 대해, 그리고 다른 언어를 습득하는 것이 왜 좋을 수 있는지에 대해 먼저 대화를 나눠보세요. 영어 습득에 대한 동기를 높일 수 있습니다.

다미가 다닌 유치원 근처는 외국인 관광객이 많이 지나다니는 곳이기도 해서 다양한 외국어를 들을 기회가 많았습니다. 해외 여행을 갔을 때도 다양한 언어를 들을 기회가 많았죠.

예를 들어 중국어를 듣게 되면 그냥 지나치지 않고 "저것은 중국이라는 나라의 말이야"라고 알려줬어요. 그리고 지도 어플리케이션을 켜서 중국의 위치를 보여주었어요. 제가 할 줄 아는 간단한 중국어(인삿말 등)로 말해보고, 여러 나라의 회화문이 들어 있는 어플리케이션으로 문장 몇 개를 함께 들어 보기도 했습니다. 그렇게 세계 각 나라에서는 다양한 언어를 사용한다는 것에 대해 조금씩 알아갔어요.

물론 영어도 그중 하나였고, 영어에 대해서는 더 많은 이야기를 나눴죠. 다미가 좀 컸을 때, 미국의 지도를 함께 보며 이 나라에서는 영어를 쓴다는 것을 알려줬어요. 그리고 영국의 지도를 보여주며, 원래 이 나라에서 영어를 썼는데, 그 나라 사람들이 미국에 건너가서 살게 되며 미국도 영어를 쓰게 되었다는 것도 이야기해줬죠. 미국과 영국의 영어는 조금 다르다는 것도요.

다미가 좋아하는 〈겨울왕국〉은 원래 영어로 만들어졌는데, 어린이들을 위해 한국어로 목소리를 녹음해서 입힌 것이라는 것, 〈겨울왕국〉의 영어 버전은 이렇다는 것 등도 알려줬어요.

이처럼 아이가 이해할 수 있는 수준에서 영어라는 언어에 대해 다양한 것을 이야기해주었어요. 해외 여행을 갔을 때는 'Spoon'이나 'Toilet' 같은 간단한 영어로 소통할 수 있게 아이를 북돋아주었죠. 또 미국이나 영국이 아닌 나라에서 왜 영어를 쓰는지도 알려줬어요. 나라마다 쓰는 말이 다른데, '서로의 말을 다 배울 순 없으니 영어로 말하자'고 약속했다고요.

아이가 영어를 조금 불편하게 느끼더라도 더 배워보려는 동기를 가질 수 있게 우리 집만의 특별한 이유를 만들어봐도 좋아요. 그 이유는 사실에 기반해야 하지만, 꼭 논리적으로 필요성이 높아야 하거나 실현 가능성이 높아야 하는 것은 아닙니다.

예를 들어 저는 2025년에 영국 대학원에 진학할 계획이 있었기 때문에 온 가족이 최소 1년간 영국 생활을 해야 했습니다. 대학원 진학이 결정되기 전부터도 종종 다미에게 이야기하곤 했어요.

"다미가 영국에서 학교를 다녀야 할 수 있어. 다미 유치원에도 외국인 친구가 있는데, 한국어를 잘하지 못해서 많이 답답해하지? 그래서 다미가 한국어 책을 좋아하기는 하지만, 엄마는 하루에 한두 권 정도는 영어책도 읽으려고 하는 거야. 영어로 다미와 이야기하는 연습도 계속하고."

다미가 커가면서 종종 영어 그림책 대신 한국어 그림책을 읽고 싶다고 할 때가 있었거든요. 이런 사유가 없더라도 우리 집만의 스토리를 만들어보세요. 스토리의 힘은 강력합니다.

TIP

베싸가 영어에 의미를 부여하기 위해 다미에게 들려준 이야기들

다미와 소통이 잘되면서부터 영어라는 언어에 대해 다미와 이런저런 대화를 나누었습니다. 명백히 한국어가 너무나 편하고 영어를 당장 잘해야 하는 이유가 딱히 없는 다미였기에, 영어도 조금 더 해보고 싶다는 동기를 주고 싶었거든요. 제가 실제로 다미에게 해준 이야기들입니다.

"우리 저번에 ***로 여행 갔던 거 기억나? 이 세상에는 그렇게 다양한 나라가 있어. 엄마는 다미와 앞으로도 여행을 많이 가고 싶은데, 여행에 가서 그 나라 사람들과 대화도 할 수 있으면 여행이 더 재밌어진다?"

"엄마는 어릴 때 외국의 어떤 친구와 편지를 주고받았는데 그게 참 재미있었어. 지구 반대편, 한국과 아주 다른 곳에 살면서 다른 음식을 먹는 친구와 영어로 편지를 주고받으며 친한 친구가 되었거든. 그 친구도 아마 한국에 사는 엄마에 대해 많이 궁금했을 거야. 다미도 영어를 잘할 수 있게 되면 영어로 편지를 주고받는 친구를 만들자."

"호주는 영어를 쓰는 나라인데, 이 나라에는 쿼카라는 굉장히 귀여운 동물이 있어(이 이야기를 하며 함께 쿼카 영상을 즐겁게 시청했습니다). 엄마는 예전에 호주에 가 봤는데, 신기한 동물들이 정말 많고 멋진 자연도 있어. 우리 언젠가 호주에 살아 보면 어떨까? 그러려면 영어도 잘하게 되면 더 좋겠지?"

"다미가 좋아하는 <겨울왕국>은 원래 영어로 만들어진 거야. 한국어로 목소리를 입힌 거야. 그런데 이 영화들은 한국어로 봐도 재밌지만 원래 영어로 만들어졌기 때문에 영어로 보면 더 재밌다? 다미가 나중에 영어를 더 잘하게 되면 우리 영어로도 한번 봐보자."

"(다미가 한창 마술 영상을 좋아했을 때) 이 마술사 아저씨는 중국 사람이야. 그런데 영어를 하지? 외국인인데 한국 사람들한테 마술을 보여주려면 영어로 해야 해. 서로의 언어를 모를 때는 영어를 사용하는 게 규칙이거든. 영어를 할 줄 알면 전세계 사람들한테 네가 잘하는 것을 이렇게 멋지게 보여줄 수 있어."

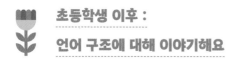

초등학생 이후 :
언어 구조에 대해 이야기해요

아이가 초등학생쯤 되었다면, 영어 그 자체의 다양한 특성에 대해서 아이와 대화를 나눠보세요. 앞서 언급한 '메타언어 인지'란 그 언어를 사용하면서 그 언어만의 특성에 대해 의식적으로 깨달을 수 있는 능력을 뜻합니다.

예를 들면 이 나이대의 아이들은 대부분 무의식적으로 "엄마가 ~" 혹은 "아빠가~"라고 말하며 언어를 옳게 사용할 수 있습니다. 하지만 '엄마, 아빠 뒤에 모두 "가"가 붙네. 엄마, 아빠 뒤에 "가"가 아니라 "랑"을 붙일 수도 있네'라는 식으로 그 언어만의 구조나 특성을 의식적으로 느낄 수 있다면 이는 메타언어 인지를 한 것입니다.

바이링구얼인 아이들은 이러한 메타언어 인지 능력이 높아서, 외국어 습득에 있어 강점이 있다는 연구 결과들이 있기도 합니다. 메타언어 인지 능력은 보통은 어린아이들보다는 더 큰 아이들 혹은 성인 대상으로 많이 이야기됩니다. 문법이라던가 말의 구조를 가르치는 '명시적 학습explicit learning'이 주로 더 인지 능력이 발달한, 어느 정도 나이가 있는 학습자에게 가능한 방법이기 때문이죠.

반면 더 어린 아이들에게는 자연스럽게 노출을 통해 무의식적으로 습득하게 하는 '암묵적 학습implicit learning'이 더 강조돼요.

하지만 이것이 꼭 명시적 학습과 암묵적 학습 둘 중에 하나를 골라야 한다는 뜻은 아닙니다. 외국어 습득에 있어 두 접근법이 둘 다 사용될 수밖에 없고, 서로 시너지 효과를 낸다고 봐요.[60]

초등학생 대상의 한 연구에서는, 명시적 학습을 통한 메타언어 인지 능력의 향상이 해당 외국어 학습에 더 유리하게 작용할 수 있다고 밝히기도 했어요.[61] 전반적으로 외국어 습득에서는 국제 결혼 가정이나 이민 가정 같은 특수한 상황이 아니어서 외국어 인풋이 제한적인 경우, 암묵적 학습을 메인으로 하면서 아이가 커갈수록 명시적 학습을 조금씩 곁들이는 것이 바람직하다는 생각입니다.

그러므로 아이가 조금 나이가 들었을 때, 너무 가르치거나 재미없는 시간이 되지 않는다는 가정하에, 영어라는 언어 그 자체의 구조적 특성에 대해 한국어로 이야기하는 시간을 가끔 가져보세요. 이런 대화는 아이가 인지적으로도 더 발달했고, 한국어에 더 능숙하며, 부모도 원어민 선생님과 달리 한국어에 능숙하기 때문에 가능합니다.

한국어와 영어는 어순이 어떻게 다른지(구조에 대한 메타인지), '버스'와 'Bus'의 소리는 어떻게 비슷하면서도 약간 다른지(음운에 대한 메타인지), 한국어는 '쓰다', '입다'가 다 다른데 영어는 'put on'으로 통일해서 표현하는 게 신기하다든지(어휘에 대한 메타인지), 이런 이야기를 나누면서 자연스럽게 들어온 영어 표현들에 대해 의식적으로 생각해보는 시간도 가질 수 있어요. 한국어와는 다른 영어의 여러 속성에 대해 더욱 호기심을 가지게 해줄 수도 있죠.

어린아이들은 지속적으로 차단당하지만 않는다면, 본질적으로 지적 호기심이 매우 풍부한 존재입니다.

이 나이대 아이들에게는 이렇게 언어 자체에 관한 대화를 통해 호기심 유발과 동기부여를 지속적으로 해가세요. 동시에 자연스러운 일상 대화와 영어 그림책 읽기를 병행해나가면 좋습니다. 어차피 영상이나 게임 등에 조금씩 노출될 거라면 영어로 된 것을 찾아 즐길 수 있게 해주어도 좋고요.

이와 관련하여 제 에피소드를 잠깐 공유할게요. 제가 고등학생이었을 때 푹 빠진 게임이 하나 있었는데요. 변호사가 실마리를 찾아 재판을 성공으로 이끌어나가는, 일본의 '역전재판'이라는 게임이었습니다. 저는 이 게임 시리즈를 매우 좋아했는데, 세 편 정도는 번역이 되었지만 그 뒤로는 영어로만 번역되고 한국어로 번역되지 않았어요.

저는 결국 영문판 게임을 구매해서 여러 번 플레이를 했습니다. 장르가 장르인지라 그리 쉽기만 한 문장들은 아니었는데 말이죠.

물론 아이에게 미디어나 게임 등 자칫 득보다 실이 클 수도 있는 무언가를 접하게 하려면, 중독에 빠지지 않을 만큼의 자제력과 이를 지도할 수 있는 부모의 능력이나 환경 조성 등이 중요할 것입니다. 하지만 상황에 따라서는, 아이의 취향과 자제력, 콘텐츠나 게임의 장르 등을 잘 고려하여 아이가 이런 '덕질'을 할 수 있는 무언가를 찾는 것도 외국어 습득에 좋은 방법이 될 수 있어요.

물론 아이가 영어 소설책을 취미로 읽는다면 교육적으로는 더할 나위 없이 좋겠죠. 하지만 현실에서 그런 취미를 자발적으로 즐겁게 갖는 아이로 키우는 것은 늘 가능한 일은 아니라고 생각해요. 부모의 노력도 노력이지만 아이의 성격이나 기질도 중요하게 작용하거든요.(저도 다미에게 사실 그런 기대를 하진 않습니다. 저도 안 그랬는걸요.)

PART

바이링구얼 육아 FAQ

한국어와 영어를
섞어 써도 되나요?

아이에게 이중언어 환경을 조성해주기로 한 부모라면 다음과 같은
궁금증을 가질 수 있습니다.

"한 사람이 두 가지 언어를 섞어서 사용해도 되나요?"

"영어로 말해준 다음에 잘 못 알아듣는 것 같으면 영어로 한 번
더 말해줘도 되나요?"

여기에 대해서는 옥스퍼드대학의 언어학자 조지은 교수에게서
가장 명확한 답을 얻을 수 있었습니다. 조지은 교수는 이중언어 학계
에서 관심이 높아지고 있는 '언어 섞어 쓰기Translaguaging'에 대해 "이중
언어를 사용하는 이가 말할 때 두 언어를 섞어 사용하는 것은 지극히

자연스러운 현상입니다"라고 말했습니다.

실제 바이링구얼 가정의 언어 사용 행태를 들여다보면 두 언어를 자유롭게 섞어 쓰는 모습이 나타납니다. 아이들이 언어를 배워가는 과정에서도 두 언어를 이렇게 저렇게 조합해 사용하는 모습이 나타나요. 이는 잘못된 것이 아니라 매우 자연스럽고 오히려 장려할 만한 현상이라는 게 조지은 교수의 말입니다.

그럼 먼저 한 문장 안에서 영어와 한국어를 섞어 쓰는 경우에 대해 살펴보겠습니다. 예를 들어 아이가 물병을 떨어뜨렸는데, 'Drop'이라는 단어가 생각이 잘 안 났다고 할게요. 그 순간에 아이는 "Bottle 떨어뜨렸어"라고 말할 수도 있습니다.

만약 섞어 쓰기가 '불가능'한 것이라면 아이는 "물병 떨어뜨렸어"라는 말도, "I dropped a bottle"이라는 말도 할 수 없을 것입니다. 아무 말도 하지 않거나 "이거 떨어뜨렸어", "Bottle…(바닥을 가리킨다)" 정도로 표현하겠죠.

이는 오히려 소통의 후퇴입니다. 한국어와 영어를 섞어 쓸 수 있었기 때문에 아이는 주어와 동사를 모두 갖춘 "Bottle 떨어뜨렸어"라는 말을 할 수 있는 거죠. 이처럼 섞어 쓰기는 두 언어에 모두 접근이 가능한 아이가 활용할 수 있는, 지극히 실용적인 언어 사용법입니다.

아이가 실용적인 이유로 두 언어를 모두 섞어 쓴다고 해서, 앞으로도 모든 맥락에서 그렇게 할 거라는 걱정은 하지 않아도 됩니다. 바이링구얼인 아이들도 사회생활을 하면서 어떤 사람에게는 한국어만 사용해야 한다는 것, 어떤 사람에게는 영어만 사용해야 한다는 것을 알고 그에 맞게 언어를 사용할 수 있게 되어요.

오로지 상대방도 바이링구얼이고 한국어, 영어를 섞어 써도 괜찮은 상대라는 것을 경험으로 알 때(예를 들어 역시 바이링구얼인 형제자매와 대화할 때), 그리고 섞어 쓰는 게 더 편할 때 두 언어를 섞어 쓰게 됩니다.

두 언어를 섞어 쓰는 것이 실용적인 전략이라는 것은 꼭 아이에게만 해당되는 이야기는 아닙니다. 아직 영어가 능숙하지 않은 부모도 사용할 수 있는 전략이죠. 부모도 아이에게 영어로 100% 말해주기 어려울 때, 영어를 간간히 섞어서 말해줄 수 있습니다.

사실 옥스퍼드 사전 관련 작업에 참여하기도 한 조지은 교수에 따르면, 한국어 어휘의 상당수가 이미 영어에서 빌려온 어휘로 이루어져 있다고 합니다. 우리의 믿음과는 달리 '순수한 한국어'로 말하고 있지 않다는 거예요.

아이에게 "버스 타자"라고 말하는 것이나 "Let's get in 자동차"라고 말하는 것이나 크게 다를 거 없어요. 영어와 한국어 섞어 쓰기가 '가능한' 옵션이 될 때, 부모는 '완벽한 영어만 말해야 한다'는 부담을 내려놓고, 좀 더 편안하게 영어를 대화에 녹여낼 수 있습니다.

그렇다고 해서, 일부러 영어와 한국어를 가급적 섞어 쓰라는 말은 아닙니다. 종종 그렇게 한다고 해서 큰일나지 않는다는 말이죠. 아이에게 완결적인 한국어 문장과 영어 문장을 온전히 듣고 배울 기회도 줘야 합니다.

한 연구에 따르면 부모가 한 문장 안에서 두 언어를 자주 섞어 쓰는 경우, 아이는 두 언어를 완전히 구분하는 데 더 어려움을 겪을 수 있다고 해요. 특히 만 1.5세 아이의 언어 습득에 상당히 방해가 되는 경향이 있었습니다. 만 2세 아이에게서는 부정적인 효과가 아주 약간만 나타났다고 합니다.[62]

그러므로 아이가 만 2세보다 어리다면, 한 문장 안에서는 필요한 경우에만 섞어 쓴다고 생각하면 좋겠습니다.

다음으로, 한 문장 안에서 섞어 쓰지는 않지만, 한국어 문장과 영어 문장을 왔다 갔다 하면서 쓰는 경우를 살펴보겠습니다.

앞서 루틴을 만드는 부분에서 이야기했듯, 영어 실력이 부족할 때는 영어로만 말하려는 노력이 오히려 소통을 방해하고 일상을 어렵게 만들 수 있습니다. 그래서 주로 한국어로 말하면서 가능할 때 영어로 말하는 게 좋아요.

이럴 때 부모는 "아이가 혼란스러워하면 어떡하죠?"라는 걱정을 하기도 합니다. 하지만 아이들은 두 언어를 왔다 갔다 하는 것에 대해 생각보다 혼란을 겪지 않는 것처럼 보입니다.

이중언어학자 콜린 베이커 교수에 따르면, 예전에 이중언어 전문가들은 어린아이에게 여러 언어를 사용할 때 각 언어를 사용하는 맥락을 확실히 구분할 것을 강조했어요. 그래서 한 사람 한 언어 전략이 가장 바람직하며, 그러지 않는 경우 아이에게 혼란을 줄 수 있다고 조언했죠.

그러나 요즘에는 전문가들도 이렇게 언어의 맥락을 구분하는 것이 아주 중요하거나 필수적이라고 보지는 않아요. 이는 그저 선택할 수 있는 여러 옵션 중 하나일 뿐이죠.

이렇게 학계의 의견이 변한 이유는 뭘까요? 아주 어린 아기들도 상당히 유사한 두 언어를 명확히 구분해낼 수 있는 능력을 가졌다는 사실을 밝혀낸 여러 연구 결과가 있었기 때문이에요.

또한 바이링구얼 환경에 놓인 가족들의 사례를 살펴보니, 한 명의 부모가 두세 가지 언어를 한 문장 안에서 혹은 문장마다 바꿔 쓰는 경우가 흔했는데요. 이런 경우에도 아이들은 '언어 혼란' 현상에 빠지지 않았어요. 그리고 아이는 정상적으로 두 언어를 습득해낼 수 있었어요.[63]

이런 경험적 사례들이 모여 하나의 지식이 되었고, 그 결과 '언어 맥락 구분이 꼭 필요하다'는 주장은 힘을 잃게 되었죠. 아이들이 두 언어에 왔다갔다하며 노출될 때, 아이들은 오히려 필요한 언어의 스위치를 재빠르게 켜는 인지 능력, 그리고 상대방이 이 언어로 말하면 이해할 수 있나 파악하는 사회적인 능력이 훈련됩니다. 그리하여 여러 언어라는 환경에 적응해갈 수 있습니다.

하지만 저는 장기적으로 바이링구얼 육아를 할 때, 부모의 영어 수준이 고급 수준으로 올라갈 수 있다는 가정하에, 루틴을 만들어서 어느 정도 맥락을 구분할 것을 권합니다. 큰 그림에서요.

그 이유는 한국 사회에서 부모든 아이든 영어로 말할 동기가 갈 수록 떨어질 수밖에 없기 때문이에요. 구분 없이 언어를 섞어 쓰는 상황이라면, 부모는 조금만 영어 표현을 만들기 어려워도 바로 한국어로 하게 될 것입니다. 조금 고민하거나 다른 방식으로 영어 표현을 만들어볼 수 있는데도 말이죠. 아이도 마찬가지로, 부모에게 "한국어로 해"라고 하게 될 거고요.

영어로 말해줬다가 한국어로 번역해주는 건 어떨까요? 이것도 하면 안 되는 것은 아니지만, 가급적이면 하지 않기를 권해요. 우리도 한국어 자막이 달린 영화를 볼 때는 영어 소리에는 귀를 덜 기울이게 되잖아요. 마찬가지로 아이도 부모가 곧 한국어로 다시 말해줄 거라는 걸 알면 아이도 영어 소리에는 별 주의를 기울이지 않게 될 수 있습니다.

아이가 못 알아들어도 괜찮아요. 아이는 어차피 어릴 때 한국어로도, 무슨 말인지 100% 알아듣지 못하는 시기를 지나면서 한국어를 배워왔습니다. 최대한 맥락과 비언어적 도구를 사용하여 아이가 알아들을 수 있게 말해보세요. 다른 방식으로도 말해보세요. 한국어 단어를 한두 개만 넣어서도 말해보세요.

그래도 소통이 어렵다면 물론 한국어로 다시 한번 말해줘도 괜찮습니다. 절대 안 된다는 강박을 가질 필요는 없어요. 중요한 건 지속 가능한 방식을 찾아서, 길게 보고 가는 거예요.

영어 유치원,
보내야 할까요?

아이의 상당한 일상을 영어로 구성해줄 수 있는 영어 유치원은 더 정확히는 유치부 영어 학원인데요. 엄밀히 말하면 유치원이 아니지만, 한국에서 대중적으로 불리는 방식으로 영어 유치원이라고 지칭하겠습니다.

영어 유치원에 다녔을 때 아이의 영어 수준이 올라가고 바이링구얼이 되는 데 한걸음 다가갈 수 있다는 것에는 의심의 여지가 없어요. 그럼에도 영어 유치원에 대해 고민되는 게 있다면 아마 모국어의 말하기 혹은 읽기 능력에 대한 우려일 거예요. 이에 대해 몇몇 연구 결과를 토대로 이야기해볼게요.

영어 유치원은 해외에서는 '몰입식 프로그램Immersion Program'이라고 하는 것을 한국식으로 구현한 것이라고 볼 수 있습니다. 몰입식 프로그램이란 수업뿐 아니라 모든 생활을 외국어 환경으로 조성한 기관 커리큘럼을 말해요.

대표적인 예가 있습니다. 캐나다 몬트리올에서는 영어와 프랑스어를 모두 공용어로 사용하는데요. 가정에서 영어만 사용하는 영어 모노링구얼인 아이들이 프랑스어에 익숙해질 수 있도록 1965년부터 프랑스어 몰입 교육을 시행하고 있습니다. 즉 한국의 영어 유치원과 비슷한 캐나다의 프랑스어 유치원인 것이죠.

이 프랑스어 유치원의 입학 시기는 만 4세입니다. 프랑스어 유치원들은 전부 프랑스어로 진행되는 '전부-프랑스어' 유치원과 50% 프랑스어로 진행되는 '일부-프랑스어' 유치원으로 나뉩니다.

영어 모노링구얼이면서 프랑스어 유치원을 다닌 아이들과 영어 유치원을 다닌 아이들을 장기적으로 비교한 연구가 하나 있는데요.[64] 많은 부모가 우려하는 바와 달리, 장기적으로는 모국어인 영어에 큰 영향이 없었어요.

전부-프랑스어 유치원 혹은 일부-프랑스어 유치원을 다닌 아이들의 경우, 모국어인 영어의 읽기 영역과 일부 말하기 영역에서 영어 유치원을 다닌 아이들에 비해 약간 뒤떨어졌다고 합니다. 그러나 점차 따라 잡는다고 해요.

이 아이들은 초등학교에 진학한 뒤에도 프랑스어로 수업을 듣다가, 3학년(만 8세)부터는 영어 수업을 듣기 시작합니다. 그리고 학년이 올라갈수록 영어의 비중도 조금씩 높아지는데요. 초등학교를 졸업할 무렵인 만 11세가 되었을 때, 모국어인 영어의 말하기나 쓰기 실력이 어릴 때부터 영어로 교육받은 아이들과 차이가 없었다고 해요. 물론 프랑스어 수준은 유창했고요.

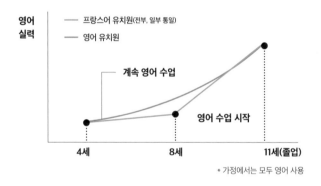

캐나다의 프랑스어 유치원

한편, 독일 아동을 대상으로 한 또다른 연구에서는 만 2세에서 6세 사이의 아동을 대상으로 일부 영어 몰입 교육을 시행했는데요.[65] 학급에 영어만 사용하는 영국 국적의 교사와 독일어만 사용하는 독일어 교사가 있고, 5 대 5 정도로 독일어와 영어에 노출한 거예요.

이 아이들과 독일어로만 유치원 생활을 하면서 주 30분 정도 전통적인 영어 수업을 들은 아이들을 2.5년 후에 비교해봤을 때, 아이들의 독일어 실력에는 별 차이가 나지 않았습니다. 그리고 몰입 교육을 받은 아이들의 영어 실력은 더 높았다고 해요.

저자들은 일부 몰입 교육이 모국어에 영향을 미치지 않으면서 외국어 실력을 높일 수 있는 좋은 방법일 수 있다고 제안했습니다.

한국에서 진행된 연구도 있습니다. 한 연구에서는 100% 영어로 진행되는 영어 유치원에 다니는 아이들과 일반 유치원에 다니는 아이들을 비교했어요. 그 결과 만 3세, 4세, 5세 모두에게서 한국어 실력에 유의미한 차이가 나지 않았습니다.[66]

또 만 4, 5세를 대상으로 한 연구에서는 영어 유치원에 다니는 아이들과 일반 유치원에 다니는 아이들의 모국어와 사회성을 비교했어요. 그 결과, 영어 시작 연령이나 영어 유치원 재원 여부가 모국어나 사회성에 영향을 주지 않는다는 결론을 내렸습니다.[67]

한 연구에서는 영어 유치원을 나온 아이들이 초등학교 1학년이 되었을 때 학급에서 능숙하게 소통하는 능력이 떨어지는 모습을 보였는데요. 이는 영어 유치원에서 '영어'에 초점을 두다 보니 아이들에게 한국어로 능숙하게 소통하는 방법을 가르치기가 어려웠기 때문이라고 지적했어요.[68]

이 연구 결과들을 어떻게 바라보면 좋을까요? 일단 한국 맥락에서 진행된 연구 결과들을 먼저 살펴보죠. 모국어나 사회성에 영향을 주지 않는다고 하는 연구들의 경우에도 변인이 완벽히 통제되었다고 보기는 어렵습니다.

예를 들면 한국에서 아이들을 영어 유치원에 보낼 수 있는 부모들은 조금 더 경제력을 갖추고, 아동의 발달에도 관심이 많은 부모일 수도 있습니다. 예를 들어 어릴 때부터 책을 읽어주는 것에도 관심이 더 많을 수도 있어요. 이처럼 출발점부터 달랐을 수도 있죠.

연구들에서는 그런 차이를 완벽하게 통제하지는 못했기에, 이 결과를 일반화하긴 어렵습니다. 또한 초등학교 1학년 때 능숙하게 소통하는 능력이 떨어진 아이들은 단순히 유치원생 때 소통 경험이 부족해서 그랬을 수도 있죠. 그럼 초등학교 2, 3학년 때는 따라잡았는지, 아니면 본질적인 사회성의 부족이었는지, 그런 부분도 연구 결과만으로는 알기 어려워요.

전반적으로 이에 대해서는 더 연구되어야 할 것으로 보입니다. 공교육의 영역이 아니다 보니, 아직 충분히 연구를 위한 리소스가 투입되지 않고 있거든요.

저는 이런 연구들과 바이링구얼리즘 관련 논문들을 보면서 이렇게 생각했습니다. 일단 외국어로 교육을 수행하는 몰입 교육 자체가 모국어 발달에 어떤 영향을 미치지는 않을 것 같다는 거죠. 중요한 것은 몰입 교육의 질이에요. 한국의 부모들이 선택할 수 있는 영어 유치원들에서 오고가는 언어와 교육의 질을 고려하는 것이 중요합니다.

영어권 국가에 살며 그 국가의 유치원에 보내는 것과 한국에서 영어 유치원에 보내는 것은 다릅니다. 한국의 영어 유치원은 단순히 언어만 영어로 뿅! 바꾼 게 아니니까요.

한국의 영어 유치원의 잠재적인 문제점은 크게 2가지라고 생각합니다.

첫째는 언어 수준의 차이입니다. 바이링구얼 육아를 하든 안 하든, 대부분의 한국에 사는 아이들은 한국어가 훨씬 유창하죠. 어른이 아이에게 말을 걸 때, 기본적으로 아이들의 수준에 맞추게 되어 있어요.

저도 마찬가지예요. 다미가 영어를 꽤나 알아듣기 때문에 영어 수준을 높여가며 말해주려고 노력해요. 그래도 다미가 영어보다 한국어를 훨씬 잘 알아듣기 때문에, 제가 다미에게 건네는 한국어는 영어보다 더 어렵거나 복잡해요.

이건 교육기관의 선생님들도 마찬가지입니다. 원어민이든 영어를 아주 잘하는 선생님이든, 아이와 놀이 기반으로 하루를 보낸다고 해도 한국 아이에게 영어를 할 때는 아이의 영어 수준을 감안하겠죠. 그래서 한국어보다 복잡하지 않은 말을 많이 하게 될 거예요. 그 결과 영어 놀이에서 아이가 듣는 언어 수준은 한국어 놀이에서 아이가 듣는 언어 수준보다 낮을 수밖에 없어요.

한국어든 영어든, 아이는 양질의 언어를 많이 들어야 해요. 어떤 언어든 관계없이 아이의 언어 지능은 양질의 언어를 많이 들으며 성장합니다. 그런데 영어 유치원에서 하루의 상당 시간 혹은 전부를 아이에게 영어로만 말해주죠.

그래서 아이가 그 시간에 한국어에 노출되었을 때에 비해 언어 수준에 너무 쉬워질 수 있어요. 아이의 영어 수준에는 맞겠지만, 전반적인 언어 수준에 비해서는 조금 낮아지는 경우가 많다는 것이죠. 그래서 아이의 언어 발달에 아주 이상적인 환경은 아니라는 생각이에요.

만 1~2세 아이들은 언어 수준 자체가 낮기 때문에 이런 걱정을 별로 안 해도 된다고 생각해요. 하지만 만 3세 정도 되면 기관에서 가정에서보다 더 훌륭한 인풋을 많이 넣어줄 수 있고 수준 높은 어휘를 접하게 되어요. 집에서 부모와 하는 대화보다 더 영양가 있는 대화가 오가게 되죠.

이것이 아이의 언어 발달에 큰 도움을 줄 수 있어요. 그런데 이 시간이 영어로 대체된다면 대화와 어휘의 수준이 낮아질 수 있어 아깝다는 거예요.

물론 이건 무조건 그렇다는 건 아니예요. 그 유치원을 다니면서 아이의 영어 수준이 한국어 수준과 동일한 수준으로 올라갈 수 있다면, 결국 언어 간 차이는 극복될 거예요. 앞서 소개한 해외 연구들에서도 언어 간 수준 차이를 '결국 따라잡는다'는 결론이었죠.

예를 들어 어떤 영어 유치원의 7세 반에서 오고가는 영어 상호작용과 일반 유치원의 7세 반에서 오고가는 한국어 상호작용을 비교해보면, 아이들이 결과적으로 수년 안에 일반 유치원에 다니는 아이들과 동일한 수준의 언어에 노출되는지를 알 수 있을 거예요.

하지만 그렇지는 않은 곳도 상당히 많다는 게 제 판단입니다. 아이들이 아무리 영어를 잘하게 되었다고 해도, 한국어로 운영되는 유치원에서 오고가는 언어에 비해서는 낮은 수준이라고 봐요.

'영어인데 이 정도라도 하면 훌륭하지'라고 생각하는 부모들도 있을 거예요. 하지만 기관에서 낮은 수준의 영어만 계속 듣는 경우와 높은 수준의 한국어를 계속 듣는 경우는 전반적인 언어 및 인지 발달에 차이가 납니다.

따라서 만약 100% 영어로만 진행되는 유치원이라면 그곳에서 오고가는 영어의 질을 유심히 관찰해야 합니다. 결국 영어 유치원을 선택한다면 기관의 질을 좀 더 꼼꼼히 따질 필요가 있어요.

둘째는 기관이 지향하는 교육적 목표의 차이입니다. 영어 유치원은 사립 교육기관입니다. 타깃이 명확한 편이죠. 아이의 인지적 학습에 관심이 많아서 아이가 나중에 학교에 가서 공부를 잘하기를 바라며, 경제적 여유도 있는 부모들이 주 타깃이에요.

그래서 아직 취학 전 연령의 아이들인데도 놀이보다는 인지적인 학습에 포커스를 맞추는 기관이 꽤 있습니다. 이는 아직 학습보다는 자유로운 놀이와 상호작용을 통해 더 많은 능력을 길러야 하는 미취학 아동에게는 발달상 적절하지 않을 수 있습니다.

이들 유치원을 보면, 부모들에게 보여주기식으로 다양한 프로그램을 꽉 채워놓았지만, 아이들이 자기들끼리 자유롭게 놀 수 있는 비구조화된 놀이 시간이 부족한 경우도 상당해요.

제가 실제로 상담받은 한 기관의 원장은 그러한(어린이집이나 유치원이 중점을 두게 되어 있는) 비구조화된 놀이 시간을 '아무것도 안 하는 시간'으로 지칭하기도 했어요. 특히 아이들의 발달에 필수적인 신체활동이나 바깥 활동 시간은 절대적으로 부족해 보였습니다.

저는 사립 기관 자체에 반대하지는 않아요. 국공립 기관은 다소 획일화된 교육 목표를 갖고 있어, 부모들의 개별 니즈를 충족시키지 못할 때가 많죠. 또한 그런 기관은 보육비가 정해져 있어, 각 기관들이 교육의 퀄리티를 높이려는 노력 자체를 덜하게 되는 경우도 많고요.

그래서 교육의 질을 높이는 만큼 수익을 늘릴 수 있는 사립 기관이 더 우수할 때도 있어요.(자본주의의 장점이죠.) 하지만 어떤 교육이 우리 아이에게 가장 좋은지 잘 모르는 부모들을 대상으로, 사립 기관들은 그저 부모들의 마음에 들기 위해 잘못된 방향으로 가기도 해요. 너무 어린 아이들에게 지나친 인지 교육을 시키면서 뽐낸다거나 보여주기식의 커리큘럼을 짜는 식이죠.

물론 올바른 철학을 가진 진주 같은 사립 기관도 분명 있겠지만, 그걸 가려내는 것은 온전히 부모들의 몫이에요. 그래서 사실 안전하게 가려면 제도권 안의 기관을 선택하는 방법도 괜찮습니다. 또 해당 기관이 제대로 운영되는지 잘 알 수 있는 능력이 있다면, 영어 유치원과 같은 사립 기관을 선택할 수도 있습니다.

옥스퍼드대 조지은 교수는 한국의 영어 유치원에 대해서도 심도 있게 연구하고 학술 서적까지 냈어요.[69] 특히 영어 유치원에서 100% 영어 사용을 내세우고 한국어 사용이 금지된 경우에, 아이들이 소통이 어려운 영어를 강요당해 일종의 '영어 울렁증Foreign language anxiety'이 생길 수 있다고 했어요. 이는 아이의 정서나 이후의 영어를 대하는 태도에 부정적인 영향을 끼칠 수 있다는 겁니다.

조지은 교수는 조기 영어 교육에 반대하지는 않는 입장이지만, 영어 유치원과 같이 아이들의 자유로운 표현을 제약하거나 불안함을 조장하는 경우에는 문제가 될 수 있다고 보았고요. 아이를 잘 알고 영어 유치원에 보내기로 결심했다 할지라도, 다니는 도중에 아이가 기관에 대해 어떻게 생각하는지, 즐겁고 행복한 시간을 보내고 있는지, 스트레스를 받고 있지 않은지를 유심히 체크해야 한다고 했습니다.

영어 노출 시기를 놓쳤어요.
이미 늦은 건가요?

혹시라도 일찍부터 영어에 노출시키지 않으려고 했거나, 상황이 여의치 않은 부모들이 여기까지 읽고 나면 마음의 부담을 느낄 수 있을 거예요. 영상 좀 보여주고 그 정도는 할 수 있겠다고 생각했는데, 부모의 노력이 상당히 필요한 일임을 알게 되니 마음이 무거워졌을 수도 있습니다. 하지만 어릴 때 영어에 노출시키지 않았다고 해서 아이에게 뭔가 해주지 못했다는 죄책감은 느끼지는 말길 바랍니다.

　부모가 아이에게 해줄 수 있는 것은 영어 교육 외에도 정말 많아요. 아이에게 좋은 부모가 되어줄 수 있는 방법은 영어 노출만이 아닙니다. 누구나 각자의 육아 방향을 만들어갈 수 있어요. 그중 하나가

'다양한 언어 환경'에 조금 더 무게를 싣는 길일 따름이죠.

또한 어릴 때 영어 노출을 하면 좋다는 말이, 영어를 늦게 배운다고 유창해지기 어렵다는 것은 아닙니다. '베싸TV' 영상으로도 소개한 바 있지만, 10~12세 정도에 영어를 시작하더라도 영어에 능숙해질 수 있어요.

아이가 성장할수록 인지 능력이 더 좋아지고, 모국어 기반이 다져져 있기 때문에 학습 속도 자체는 어린아이들에 비해 빠릅니다. 다만 아이가 성장할수록 영어를 스스로 학습할 수 있도록 동기부여를 하기가 어려울 뿐이죠.

부모가 아이와 좋은 관계를 유지하고, 아이에게 넓은 세계에 대한 호기심을 자극하는 대화를 자주 해보세요. 관련 콘텐츠를 아이에게 적절히 제공하면서 천천히 영어에 흥미를 붙이는 방법을 실행해 나간다면, 늦게 시작하더라도 영어를 잘하게 될 수 있습니다.

제 자신은 영어를 초등학교 무렵에 시작했어요. 어릴 때 기억이 희미하지만 아직도 생생히 기억나는 장면이 있어요. 당시 '윤○○ 영어교실'에서 일주일에 두 번 집으로 방문을 오는 학습지 수업을 했었어요. 영어 그림책 한 권을 몇 번에 나누어서 한국인 선생님과 함께 읽고, 챈트나 동요를 함께 부르는 짧은 수업이었던 걸로 기억해요.

어린 시절 저희 집은 TV나 게임 등 미디어를 즐기는 시간이 하루 한 시간 정도로 제한되어 있었어요. 그래서 항상 심심했고, 이를 달래기 위한 수단으로 이야기책을 좋아하게 되었는데요. 집에 늘 새로운 책들이 구비되는 것은 아니니, 읽던 책을 읽고 또 읽곤 했었어요.

그런데 방문 학습지의 영어 그림책 내용이 상당히 재미있었던 것 같아요. 매번 선생님이 오면, 그림책의 다음 내용을 읽을 수 있다는 생각에 들떴던 기억이 나요.

물론 모든 아이에게 이런 식의 '방문 그림책 읽기 학습'이 효과적이며 이걸 추천한다는 말은 아닙니다. 아이가 흥미를 가지고 영어를 대할 수 있는 방법이, 공부를 시키는 것 이외에 다양하게 있을 수 있다는 이야기죠.

아이가 몇 살이든 간에, 삶에서 다양한 기회로 영어에 흥미를 가질 수 있도록 동기부여할 수 있어요. '무조건 어릴 때부터 해야 한다, 그렇지 않으면 뭔가 아주 중요한 골든 타임을 놓친다'는 조급함을 느끼지 않았으면 합니다.

덧붙여, 부모가 먼저 바깥의 세계와 문화, 영어를 비롯한 다양한 외국어에 관심을 가지는 것도 중요하다고 생각해요. 아이들은 부모가 어떤 것을 중요하게 여기고 어떤 것을 중요하지 않게 여기는지를 금방 파악하고 배우거든요.

부모가 학습에 관심이 매우 많고, 아이와 관계가 좋다면 아이는 어느 정도는 학습을 잘해보려는 마음을 가질 겁니다.(그래서 어릴 때부터 학습보다도, 아이와 관계를 잘 다져놓는 게 중요하죠.)

저는 어릴 때 아버지와 관계가 좋은 편이었는데, 아버지는 직업 때문에 해외 경험도 꽤 했고 해외의 문화에 대해서도 자주 이야기해 주었어요. 집에 다른 나라에 대한 책도 꽤 있었고요. 저희 가족은 모두 만화로 된 『먼나라 이웃나라』를 재미있게 읽었고, 기회가 될 때마다 다양한 나라의 문화에 대해 이야기하곤 했습니다. 저는 자연스레 다양한 세계의 문화에 관심을 갖게 되었고, 이러한 관심이 영어에 대한 동기로도 이어지게 되었어요.

영어를 거부하는 아이,
어떻게 해야 할까요?

제가 운영하는 바이링구얼 육아 카페에서 설문조사를 한 적이 있는
데요. 18개월 이상 아이들 중 22% 정도가 '영어를 거부했다'는 결과
가 나왔어요. 아직 거부하지 않은 분들도 몇 달 뒤 거부를 경험할 수
도 있죠. 영어 거부는 바이링구얼 육아 중에 누구든 한번은 맞닥뜨릴
수 있는 상황입니다.

　아이가 영어를 거부하면 '내가 무언가를 잘못하고 있나', '이렇게
까지 영어를 해야 하나'라는 '현타'가 올 수 있어요. 나도 불편하고 힘
든 영어를 어렵게 쓰고 있는데, 아이가 하지 말라고만 하니 약간 서글
프기도 해요. '이게 뭐라고 이렇게까지 할 일인가…' 싶은 마음이 들

수 있죠. 이럴 때 이 현상을 어떻게 받아들일지, 마음가짐부터 세팅하면 좋아요.

하나의 언어를 거부하는 현상은 사실 바이링구얼이거나 멀티링구얼인 과정에서 굉장히 흔한 부모 자녀 간 갈등 요인이라고 해요. 아이들이라고 해서, 편하지 않은 언어로 소통하는 것이 덜 힘든 것은 아니거든요. 어른과 똑같죠. 그냥 더 쉬운 말로 했으면 좋겠는데, 알아듣지 못하겠는 고급 어휘를 잔뜩 사용하는 사람과 대화하듯 불편한 거예요. '불편할 수 있다'는 걸 이해해주는 게 우선입니다.

앞에서도 소개한 책 『바이링구얼 에지』에서는 아이가 사용하는 언어에 대해 '정체성'과 연결지어 이야기합니다. 학술적인 근거를 갖춘 것은 아니지만 명망 있는 이중언어학자들의 의견이고 꽤나 설득력 있는 이야기라서, 여기에 제 의견을 덧붙여 소개할게요.

만 2~3세 정도를 넘어가면서 아이들의 옷을 입히는 것이 어려워지는 것을 경험한 부모님이 있을 거예요. 저도 마찬가지였습니다.(아이가 아직 어리다면, 귀여운 옷들 많이 입히세요!) 『바이링구얼 에지』의 두 저자 역시 부모로서 같은 경험을 했다고 하네요. 엄마가 보기엔 영 아닌 옷만 입겠다고 고집을 부리는 것이죠.

특정한 옷만 고집하기, 혹은 특정한 언어만 고집하기. 여기에는 어떤 나름의 정체성을 찾고자 하는 마음이 개입되는 것으로 보입니다. 여러분이 평소에 좀 심플하고 투박하게 입는 편인데, 어느날 갑자기 귀엽고 프릴과 비즈가 많이 달린 옷을 입어야 한다고 생각해보세요. 그건 내 정체성에 어긋나는 것이므로 싫을 수 있죠.

언어도 마찬가지라는 것입니다. 아이들은 각 언어에 대해 갖게 되는 다양한 정서와 느낌, 그것이 자신의 정체성을 어떻게 드러내는지에 대해 점차 민감하게 반응하기 시작합니다. 부모가 알든 모르든, 아이의 경험들이 그러한 정서와 느낌을 서서히 만들어가죠.

어떤 아이들은 '다른 아이들은 영어를 쓰지 않으니까 나도 쓰고 싶지 않아'라고 생각할 수도 있습니다. '영어는 집에서만 써야 하고, 밖에서는 쓰면 좀 부끄러운 언어인가 봐'라고 생각할 수도 있고요. '영어를 썼더니 어린이집에서 친구들이 이상하게 쳐다봤어, 이거 더이상 하기 싫어'라고 생각할 수도 있습니다.

영어와 한국어 모두 아이에게 긍정적인 정서로 다가가야 하고, 아이의 긍정적 정체성을 구성하는 요소가 되어야 합니다.

'나는 두 가지 언어를 활용할 수 있어, 그건 특별하고 멋진 거야', '한국어도 영어도 참 매력적인 언어야', '나는 언어에 좀 강점이 있는 것 같아.'

언어와 관련된 정체성이 이처럼 긍정적으로 형성된다면 좋겠죠. 하지만 그 단계까지 가기 전에, 영어나 한국어에 대해 아이가 여러 경험을 자신만의 (때로는 비이성적이고 비논리적인) 방식으로 해석하는 과정에서, 정체성과 관련된 거부 현상이 나타날 수 있습니다.

그래서 구체적인 해결 방법은 차치하고서라도『바이링구얼 에지』의 저자들은 언어가 이러한 정체성과 연결되어 있다는 것을 인정하는 것이 가장 중요하다고 말합니다. 또한 어떠한 언어를 사용하는 것이 실랑이의 영역이 되지 않도록 현명하게 대처하는 것도 중요하죠.

이와 관련해서 아이가 영어를 거부할 때 취할 수 있는 가장 일반적으로 추천할 만한 태도는 "응 그래, 싫었구나. 그럴 수 있지" 하는 태도라고 봅니다. 거부에 대해 심각하게 생각하거나 걱정하지 않고, 다소 심드렁한 태도로 아이의 싫은 마음을 일단 인정하는 거예요.

너무 놀라며 당장 영어를 모두 중단하거나 큰 심정적 변화를 보이지는 마세요. 크게 신경쓰지 않으면서 조금 한국어로 하다가 다시 영어로 슬쩍 하고, 웃으면서 긍정적인 환경을 만들고, 이렇게 하는 거죠. '엄마는 네가 영어를 더 했으면 좋겠어'라는, 아이의 저항심을 오히려 가중시킬 수 있는 은근한 압박을 담은 메시지를 주면 안 됩니다.

그러면서 장기적으로는 아이가 영어와 한국어를 모두 하는 것, 즉 바이링구얼리즘이 아이의 긍정적인 정체성 중 하나로 자리잡을 수 있도록 지지해주면 좋습니다. 책의 사례 중 어떤 부모는 역심리학을 활용해 오히려 "스페인어는 어른들만을 위한 언어야. 넌 하지 마"라고 말하곤 했다고 합니다. 어떤 부모는 아이의 거부에 크게 개의치 않고 그냥 그 언어로 떠들었더니 자연스레 지나갔다고 하고요.

어떤 부모는 이탈리아어로 말하는 시간에 영어로 말하는 사람을 적발하는 '영어 경찰' 제도를 만들면서 이탈리아어 대화 시간을 더 즐겁게 만들었다고 합니다. 어떤 부모는 아이가 영어로 말할 때 '프랑스어로 다시 한번 말해달라'고 부탁하면서, 프랑스어는 부모와 아이 둘만 아는 비밀 언어이기 때문에 많이 연습하는 게 중요하다고 이야기해줬다고 해요.(물론 아이가 커가면서 자연스레 그게 아니라는 걸 알아갔겠죠.)

　이러한 전략은 아이에게 언어를 강요하지 않고, 아이의 선택을 존중하면서 해당 언어를 더 바람직한 것으로 인식할 수 있게 도와주었어요. 결과도 효과적이었습니다.

TIP

영어 책 읽기를 거부한 다미 이야기

다미는 바이링구얼 육아를 해온 지난 3.5년간, 제가 영어로 말하면 알아듣지 못해 '한국어로 다시 알려달라'라고 말한 적은 있지만, 영어로 하는 말을 거부한 적은 없습니다.

반면 그림책의 경우에는 확실히 한국어 그림책을 더 선호합니다. 제가 한국어 그림책을 읽어주는 것을 중요하게 생각하기 때문에, 한국어 그림책을 많이 읽었어요. 그래서 한국어 그림책에 대한 긍정적 인식도 많이 쌓였죠. 그리고 영어는 상대적으로 글밥도 적고 단순해서 다미에게 흥미를 덜 불러일으키기도 했습니다.

저는 매일 밤 책을 5권 가지고 방에 들어가요. 그중 1권은 영어 책이죠. 한국어 책 4권을 읽고 마지막으로 영어책을 읽으려 할 때, 다미는 주로 자는 것보다는

영어 책이라도 읽는 게 더 좋기 때문에 읽겠다고 합니다.

그런데 도중에 몇 달 정도, 50%의 확률로 다미가 "그건 안 읽고 잘래"라고 이야기하던 시기가 있었습니다. 그럴 때 저는 "그래, 그러자" 하고 다미의 선택을 존중해주었습니다.

이렇게 다미는 오랫동안 경험을 통해, 본인이 원하지 않으면 영어 그림책을 꼭 읽지 않아도 된다는 것을 알게 됐습니다. 그거에 대해 제가 뭐 나쁘게 생각한다거나 실망하지 않는다는 것도 알게 됐어요.

엄마가 한국어를 더 선호한다거나 혹은 영어를 더 선호한다는 뉘앙스를 전달하지 않으려고 늘 노력했습니다. 다미가 한국어만 하고 싶어해도, 영어만 하고 싶어해도 문제라고 생각해거든요.

실제로 제가 운영하는 바이링구얼 카페에서는, 아이가 영어를 한국어보다 더 좋아해서 고민하던 부모가 있었어요. 바이링구얼 육아에서 중요한 건 두 언어의 균형을 잡는 것이라고 생각해요.

사실 어차피 다미와 영어로 대화하는 시간이 있었기에, 영어책 거부가 제게 그리 실망스러운(바이링구얼 육아를 포기해야 하는) 일이 아니기도 했죠. 그래서 몇 달 동안 영어 그림책은 별로 읽지 못했습니다.

그 기간에도 저는 실망하지 않고 다미와 좋은 관계를 쌓아가는 데 심혈을 기울였습니다. 제 육아에 있어 가장 중요한 목표는 그림책 읽어주기도, 바이링구얼 육아도, 몬테소리 육아도 아닌, 아이와 좋은 관계를 잘 만들어나가는 것입니다. 그 좋은 관계가 기반이 되면, 제가 추구하는 모든 육아가 아주 원활하게 굴러갑니다.

몇 달 후 제가 도서관에서 빌려오긴 했지만 다미가 읽지 않을 것이라고 예상되는 영어 책을 잠자리 독서 시간에 가지고 갔습니다. 3권의 한국어 책을 읽은 뒤에 그 책을 꺼냈죠. 다미는 "영어 안 읽고 싶어"라고 했습니다. 이번에는 슬쩍 이렇게 말해봤어요.

"엄마는 이 책 읽고 싶은데. 좀 궁금하거든. 이거 한 권 읽고, 그다음에 한국어 책 읽을래?"

예전에도 이렇게 조심스레 권유해본 적 있지만, 대부분 싫다고 했습니다. 그런데 이번에는 고개를 끄덕이더라고요. 그날 한 번의 성공이 제겐 의미 있었습니다. '아, 엄마를 위해 읽겠다고 했구나' 하는 생각이 들었고, 칭찬하기에 좋은 기회였습니다.

일단 책을 다 읽고, 다미의 눈을 보며 이렇게 칭찬해줬습니다.

"처음에 안 읽고 싶었는데, 엄마가 궁금해하니 읽겠다고 해줘서 고마워. 그래도 읽다 보니 재미있지 않았어?"

"응, 재미있었어. 엄마도 재미있었어?"

"응, 재미있었어."

그날을 기점으로, 다미는 다시 영어 그림책을 예전처럼 99% 확률로 읽고 자겠다고 선택했습니다. 지금도 하루 한 권 영어 그림책 루틴을 이어오고 있죠.

영어 그림책뿐 아니라 아이가 부모가 했으면 하는 무언가를 거부할 때, 많은 부모가 그걸 어떻게든 하게 만들려는 모습을 아이에게 그대로 드러내기 쉽습니다. "이건 해야 되는 거야"라고 규칙을 세우거나 "제발 해보자, 네가 이걸 했으면 좋겠어"라고 사정하는 등 싫다고 하는 아이를 설득하려고 노력하는 것이죠.

그런데 사실 어른도 마찬가지듯, 아이의 의지에 반해 억지로 하게 할수록 역효과가 나기 쉽습니다. '아이가 이걸 했으면 좋겠어'라는 마음이 있더라도 그 마음을 누르고, 부모가 아이와 항상 같은 편에 서 있다는 인식을 아이에게 주어야 합니다.

'네가 이걸 했으면 좋겠어'가 아니라 '그래? 그럼 강요하지 않을게, 난 네 편이니까'라는 스탠스가 더 좋다는 것이죠. 장기적으로 아이와 같은 편일 때, 아이는 부모의 제안을 더 호의적이고 자발적으로 받아들일 가능성이 높아지거든요.

자기 조절의 열쇠는 유대감이라고, 저명한 교육심리학자 데이비드 월시David Walsh 박사는 말했습니다. 좀 싫은 마음이 들어도 '해볼까?' 싶은 마음은 부모와 아이 간에 유대감이 있어야 생긴다는 것이죠.

부모는 아이가 거부하는 것을 억지로 하게 하는 존재가 아니어야 합니다. 아이의 자율성을 지지해주고 욕구에 귀기울여 들어줄 때 관계는 좋아집니다. 관계가 다져지면, 아이가 스스로의 욕구를 조절할 '능력'이 생겼을 때 욕구를 조절하고 싶은 '동기'가 생깁니다. 엄마 아빠가 좋으니까요. 엄마 아빠도 내 말에 귀 기울여 들어주니까요.

물론 아이의 모든 욕구를 들어줄 순 없죠. 양치질이라던가 카시트 타기 등 꼭 해야만 하는 일도 있으니까요. 그런 일은 나이나 상황에 따라 다소 강압적인 방식으로 해야 할 때도 있습니다.

하지만 영어까지 그런 카테고리에 들어가서는 안 된다고 봅니다.

영어는 '하면 좋은데 안 해도 큰일나지 않아'라는 영역에 들어가요. 아이가 거부하더라도 너무 스트레스 받지 않고 덤덤하게 "그래, 싫다면 어쩔 수 없지"라는 반응을 보여주세요.

다만 "엄마는 해보고 싶은데", "엄마는 이게 궁금해", "엄마 도와줄래?"라는 이야기로 아이가 자발적으로 하도록 한번씩 유도해볼 수는 있어요.(이건 최소 18개월 이상일 때입니다. 그전엔 남의 욕구에 맞춰 행동하는 게 발달적으로 매우 어렵습니다. 물론 언어 이해력도 떨어지고요.)

며칠은 영어를 안 해도 됩니다. 몇 달 정도는 그림책을 안 읽어도 됩니다. 중요한 건 거부감을 키우지 않는 거예요. 아이가 좀 컸다면, 이렇게 말해봐도 됩니다.

"엄마는 영어로 말하는 게 재미있어. 엄마가 영어를 연습할 수 있게 좀 도와줄래? 잠시 후에 다시 한국어로 말할 거야."

"엄마는 이 그림책이 마음에 들어. 아까 잠깐 펼쳐 봤는데 재밌어 보였어. 가운데까지만 읽어보면 어때?"

"그래, 다미는 (한국어인) 티니핑이 더 재미있지? 그런데 어제는 티니핑을 봤잖아. 오늘은 DVD 보는 날인데, 만약 네가 DVD를 보는 것보다 엄마와 노는 게 더 좋다면 그렇게 해도 좋아."

바이링구얼 육아를 실천하고 있는 다른 부모는 아이의 영어 거부기를 어떻게 극복했을까요? 실제 두 부모의 이야기를 공유합니다.

"44개월 아기를 키우고 있어요. 10개월쯤부터 영어 노출을 시작했어요. 아이는 저와 영어로 소통하고 책을 읽고 노래하는 시간을 꽤나 좋아했습니다. 그러나 세 돌이 가까워질 무렵 영어를 거부하는 모습을 보이기 시작했습니다.

잠자리 독서를 할 때, 한글 책과 영어 책의 비율이 3대 2 정도 되었는데, 제가 영어책을 꺼내면 아이가 "한글로!"라고 외쳤죠. 일상생활에서도 짧게나마 영어를 하면 또 "한글로!"를 외쳤고요. 결국 저는 집에서 영어를 금지당하게 되었어요. 그전까지 영어의 의성어나 의태어를 좋아해서 같이 "grumble grumble" 하며 놀았는데 갑자기 이러니 당황스러웠습니다. 이와 같은 상태가 한 달 가까이 지속되었습니다.

아이가 싫어하는데, 계속 영어책을 들이밀고 영어로 이야기하는 것은 역효과가 날 것 같았어요. 그래서 굳이 영어 노출을 하지는 않고, 베싸님 및 다른 바이링구얼 육아를 실천하는 분들께 고민을 털어놓았어요.

아이가 영어보다 한국어 능력이 크게 올라오면서 영어를 상대적으로 좀더 불편하게 느낄 수 있어 그럴 수 있다는 조언을 들었어요. 아이가 원한다면 영어로 말한 뒤에 번역을 다시 한번 해주어도 괜찮지만, 가급적 제스처나 포인팅, 뉘앙스 같은 것을 적극 활용해서 영어를 쉽게 이해할 수 있도록 도와주면 좋겠다는 결론이었습니다.

우선은 아이가 다시 영어를 받아들일 수 있도록 기다려주어야겠다는 생각이 들었어요. 잠자리 독서용 영어책은 여전히 챙겼지만, 아이에게 영어책을 읽어주지 않고 저 혼자 더 재미있게 소리내어 영어책을 읽었습니다.

제가 영어 책을 읽으면 아이는 혼자 한글책을 보면서 엄마도 읽지 말라고 했는데요. "엄마는 영어가 좋아! 영어가 재밌어서 읽는 거야. 엄마는 영어가 좋아서 잘하고 싶거든. 그래서 공부하고 책도 읽어. 엄마는 이 책 한 권만 읽을 테니까 너는 네가 읽고 싶은 책을 읽어도 좋아"라고 말하고 각자의 시간을 갖기도 했죠.

제가 재미있게 읽다 보면 아이가 은근히 옆에 와서 들여다보고 무슨 내용인지 궁금해하기 시작했습니다. 그러면 무심히 알려주고 저 혼자 재미있게 오버 액션을 하며 읽었습니다. 너무 쉽고 교과서적으로 보이는 방법이지만 이 방법이 정말 효과적이었습니다.

그 외에 잘 통했던 전략이 있어요. 첫 번째는 아이 취향에 맞는 책을 고르는 것이었습니다. 저희 아이는 자동차와 물놀이 관련된 책을 좋아해요. 또 의성어, 의태어를 최대한 표현해주는 것을 좋아해서 이러한 영어 책들을 잘 골랐어요.

새 책을 한두 권씩만 꺼내서 아이 반응을 살폈어요. 아이가 꽂히는 책이 생기면 며칠은 계속 그 책을 보는 일도 생겼어요. 일상생활에서도 그 책에서 아이가 좋아했던 표현들로 장난을 치곤 했습니다.

두 번째로 아이가 좋아하는 활동을 영어로 함께했어요. 아이가 요리하는 걸 좋아해서, 함께 요리를 할 때는 영어를 곁들였습니다. 영어 표현이 익숙한 베이킹 위주로 해서인지 거부감 없이 영어도 따라 하며 즐거운 시간을 보내곤 했습니다.

또 흥이 많은 아이라 영어 노래를 들으며 같이 춤을 추었는데, 이것을 상당히 좋아했습니다. 어린이집에서 배워온 노래가 있으면 엄마도 알려달라고 하고, 노래를 찾아 같이 부르곤 했죠.

결국 아이를 믿고 기다려주는 기본을 지키면서 아이를 관찰해야 합니다. 아이가 뭘 좋아하는지를 파악해서 맞춤으로 다가가는 것이 영어 거부 극복의 열쇠가 아닐까 합니다."

"20개월인 여아를 키우고 있는, 육아휴직 중인 아빠입니다. 아이가 16개월이 되었을 때부터 바이링구얼 육아를 시작했습니다. 아이에게 이 세상에는 다양한 언어가 존재하고, 하나의 사물을 부르는 이름도 사람들이 약속한 라벨에 불과하다는 열린 사고방식을 심어주고 싶었죠. 저희 집은 아내가 일본어를 할 줄 알아서, 일본어까지 집에서 사용하는, 트라이링구얼 육아를 시도해보게 됐습니다.

저희 아이의 경우 처음부터 강력한 영어 거부 반응을 보였습니다. "으으응" 하고 싫다는 소리를 내는 건 기본이고, 영어에 반응을 하지 않거나 표정이 나빠지며 다른 방으로 도망갈 때도 있었죠. 영어 그림책을 꺼내면 아예 아빠에게는 오지도 않고 엄마한테만 가서 책을 읽어달라고 했습니다.

그런데 재미있는 것은, 일본어에는 딱히 거부 반응을 보이지 않는다는 것이었습니다. 일본어 카드로 낱말을 알려주고, 일본어 그림책을 읽어줘도 딱히 싫어하지 않았습니다. 일본어는 저희 부부끼리 재미있게, 반쯤은 장난으로 하는 것이어서, 그 부담 없는 분위기가 아이에게 전달되지 않았나 하는 생각이 듭니다. 그래서 영어에 익숙해지고 친해지기 위해 시도한 것들이 몇 가지가 있습니다.

첫 번째로 자동차에서 <마더구스>나 영어 동요를 틀어주었는데, 저희 아이의 경우 전혀 흥미를 보이지 않았습니다.

두 번째로 영어로 말하는 시간을 12~2시에서 기상 후 2시간으로 바꾸었습니다. 이 방법은 약간 효과가 있었습니다. 한국어를 쓰다가 갑자기 영어로 바꾸는 기존 방식에 비해, 기상하자마자 영어로 시작하니 분위기에 휩쓸리듯 적응이 되었던 것 같습니다.

단점도 있었어요. 그 시간대에 늘 아침 식사나 외출 준비 등 반복된 표현만 하게 된다는 것이죠. 하지만 거부감을 낮춰주면서 익숙하게 해준다는 측면에서 괜찮은 방법이었습니다.

세 번째로 아이가 기상하자마자 영어로 사랑한다고 말해주었습니다. 영어와 긍정적 정서를 결합하기 위해 한 시도였습니다.

챗GPT에게 16개월 아기에게 해줄 수 있는 사랑한다는 영어 표현을 100가지 정도 물어봤어요. 그중에서 저도 기분 좋게 느껴지는 표현을 정해서 아침에 일어나자마자 최대한 사랑스럽게 말해줬습니다.

이 방법은 꽤 효과가 있었다고 느낍니다. 이렇게 하고 나서 두 시간 동안 영어로 말해줄 때, 아이가 그전보다 영어를 더 긍정적으로 받아들이는 것 같았습니다.

네 번째로 영어 그림책을 읽어줄 때 적극적으로 라벨링(그림을 짚어주며 명칭을 알려주는 것)을 했습니다. <마더구스> 책을 잡고, 손가락으로 그림을 짚어가며 "얘는 잭Jack이야, 얘는 질Jill이야. 굴렀어, 데굴데굴" 하는 식으로 쉬운 영어로 먼저 이야기해주었습니다. 그 후 천천히 읽어주고 노래를 불러주니 거부 반응이 훨씬 덜했습니다.

다섯 번째로 아이가 좋아하는 장소에 가서 영어로 대화하는 시간을 만들었습니다. 저희 아이는 동물을 대단히 좋아하는데, 동물원에 데리고 갔을 때 영어로 말을 걸어주었습니다. 단기적으로는 효과가 가장 강력했습니다.

동물원에 갔다 온 날에는 아기가 집에 와서 동물을 뜻하는 영어 단어 몇 개를 더듬거리며 말하기도 했습니다. 이후로는 동물원에 갈 때마다 가능하면 영어로 말해주려 노력했습니다.

여섯 번째로 부모님 외에 다른 영어 사용자들의 영어를 들려주었습니다. 아이를 3가지 유형의 영어 키즈카페에 데리고 갔어요.

첫 번째 유형은 한국인 직원이 영어로 시설을 안내해주는 키즈카페였습니다. 사실 이곳에서는 직원이 직접 아이에게 주는 영어 인풋은 몇 마디 되지 않았습니다. 한 시간에 10문장 정도였는데, 그 정도만으로도 의외로 큰 효과를 불러일으켰습니다. 아이는 아빠 이외에도 영어로 말하는 사람이 존재한다는 사실을 인지하는 것으로 충격을 받은 듯했습니다.

두 번째 유형은 원어민 아이들이 많이 오는 키즈카페였습니다. 그 키즈카페는 미군부대 근처에 있어서 미군 자녀들이 많이 있었습니다. 어른이 아닌 어린이들이 영어로 즐겁게 깔깔거리며 대화했고, 가끔 우리 아이에게 영어로 말을 건네기도 했는데요. 그 모습이 영어에 대한 긍정적 정서 강화에 효과가 있었던 것 같습니다. 이곳을 몇 번 방문한 이후에는 사실상 영어 거부가 거의 없어졌습니다.

세 번째 유형은 원어민 교사가 여러 가지 수업을 진행하는 클래스형 키즈카페

입니다. 영어 난이도도 높지 않고, 원어민이 아기에게 직접 발화해주는 문장 개

수도 많으며(앞선 두 영어 키즈카페에 비해 시간당 10배 이상), 아이의 집중도도 굉장

히 높았습니다. 다만 조금 정형화된 활동을 하는 경향이 있고 비용 부담이 있어

자주 이용하기는 쉽지 않을 수 있습니다.

마지막으로 재미있는 영어 그림책을 찾으려는 노력을 꾸준히 했습니다. 알라딘

중고서점에 방문하여 아기에게 적당히 읽어줄 만한 책은 모조리 구입했습니다.

그중에 아기의 취향에 맞는 책이 꽤 있었습니다.

저희 아이의 경우 『Hands can』, 『Hands』, 『First 100 animals』, 『First 100

trucks and things that go』와 같은 책을 특히 좋아했습니다. 본인이 좋아하는

책은 영어로 읽어줘도 확실히 거부가 덜했습니다.

또 이를 일상생활과 연계하려고 노력했어요. 예를 들면 공원에 나가서 갑자기

내리는 비를 실컷 맞고 와서 『Rain』이라는 책을 읽어주면 아이가 더 몰입하는

모습을 보였습니다."

이렇듯 "지금은 영어 하는 시간이야!"와 같은 강압적인 방식이
아닌, 아이의 거부감을 수용하고 인정하면서 우회적인 방법으로 긍정
적 정서를 만들어주려는 노력을 꾸준히 할 때 극복할 수 있습니다.

많은 부모가 아이의 거부를 잘 다스리기가 어렵다고 느끼기 때
문에, 어떤 엄마표 영어 인플루언서들은 '영어 영상 혹은 그림책만 보

여주라'고 조언하기도 합니다. 하지만 저는 그게 바람직한 방향성은 아닌 것 같아요. 아이가 성장할수록 지속하기도 어렵고요.

아이와 좋은 관계를 만들어나가면서, 조금 불편한 언어도 기꺼이 감수하도록 다양한 소통을 시도할 수 있어요. 그럼 아이도 "내가 선택해봤더니, 영어 영상/그림책도 꽤 재밌네?"라는 경험을 통해 점차 영어 영상이나 그림책도 좋게 느껴질 거예요.(한 연구에 따르면, 아이들은 스스로 선택한 것을 더 좋게 평가한답니다)[70]

대부분의 육아 선택에서 선택의 기회를 차단하기보다는 제공하는 게 더 좋은 방법입니다. 아이와의 관계까지 소중히 잘 지키면서, 현명한 바이링구얼 육아를 해봅시다.

Q&A
장단기 해외 거주,
도움이 될까요?

"학원 보낼 돈으로 차라리 해외 연수를 하는 게 낫다던데, 정말일까요?"

이런 질문을 심심찮게 듣습니다. 실제로 아이의 방학이나 부모의 휴직 등을 활용하여 해외 한 달 살이 혹은 1년 살이를 감행하는 경우도 SNS나 주변에서 심심찮게 볼 수 있고요. 아이와 해외에서 몇 달, 혹은 몇 년까지 비교적 중장기로 살아보는 경험, 영어에 도움이 될까요?

다른 언어권에서 상당시간 지내는 경험이 해당 국가의 언어 습득에 도움이 된다는 것은 물론 부인할 수 없는 사실이겠죠. 앞에서 언급한 '영어를 사용해야 하는 이유' 중 아마도 가장 강력한 것이 해외에 살면서 생기는 소통에 대한 니즈일 것입니다. 새로운 언어 환경에 적응하는 과정에서 자연스럽게 해당 언어를 더 이해하고 써보려고 노력하게 되죠. 양질의 언어 인풋도 많이 받게 되므로 언어 습득에 효과가 있을 것입니다.

많은 부모가 가장 크게 고민하는 지점은 아마도 '그런 효과가 얼마나 오래 가는가'일 것입니다. 상당한 비용을 지불해야 하는 결정인 만큼 "연수를 다녀왔는데 몇 년이 지나면 말짱 도루묵이더라"라는 결과를 마주하게 될까 걱정될 거예요.

사실 이러한 고민을 명쾌하게 해결해 줄 수 있는 근거는 아직까지 부족합니다. 하지만 "어떤 집은 이랬다더라" 하는 개인적인 경험보다는 좀 더 신뢰할 만한 연구 결과들이 있습니다.

참고할 만한 연구들은 대체로 '리터니returnee'라고 불리는, 해외에 거주하다가 다시 모국으로 돌아온 바이링구얼들을 대상으로 이루어졌습니다. 해외에 거주하다가 한국에 돌아온 아이들의 영어 실력이 점점 어떻게 되어가는지를 추적 관찰한 것이죠.(다만 이 분야의 연구가 워낙 적고, 대체로 수 명에서 수십 명 정도의 소수 샘플을 대상으로 진행되었다는 점은 알아두세요.)

연구 결과들을 살펴보면, 희망적이게도, 해외 거주 후 돌아와서도 영어 실력이 유지될 수 있는 것처럼 보입니다. 문제는 여기에 상당한 개인차가 있다는 건데요. 어떤 경우에 영어 실력이 더 잘 유지되는지를 살펴볼게요.

귀국 후 영어 실력 유지에 영향을 주는 요인 첫 번째는 해외 체류 기간입니다. 어느 정도 예상되는 요인이죠. 여기서 '안정화 기간stabili-zation phase'이라는 개념을 이해하면 좋은데요. 안정화 기간이란 아이의 뇌에 한 외국어가 안정적으로 안착하는 데 걸리는 시간을 뜻합니다. 물론 이 시간 동안 충분한 외국어 사용 기회가 주어져야겠죠.

한 박사 학위 논문에서는 해외 거주 기간이 다양한 일본 리터니들의 영어 수준을 살펴봤는데요.[71] 해외에 더 오래 머무를수록 이 안정화 기간이 길고, 그래서 귀국 후에도 영어 실력, 특히 스피킹 실력verbal fluency이 더 잘 유지된다고 보고했습니다. 해외에 오래 머무를수록 해당 언어 실력이 귀국 후 유지가 더 잘된다는 이 연구 결과는 기존 문헌들에서도 보고된 바 있어요.[72]

두번째 요인은 나이입니다. 같은 기간 동안 해외에 거주하다 돌아온 형제자매들을 대상으로 하는 연구에서 나이도 중요하다는 사실을 알 수 있었는데요. 〈응용언어학회지〉에 실린 연구에서는 귀국 나이 기준으로 7세, 10세인 일본의 형제자매를 대상으로 영어 실력이 갈수록 어떻게 되는지를 살펴봤어요.[73] 그랬더니, 10세인 첫째 아이에 비해 7세인 둘째 아이가, 시간이 갈수록 영어 실력의 유지가 더 어려운 모습을 보였습니다.

또다른 연구에서는 일본에 머무르다 미국으로 돌아간 3세, 4세, 7세, 9세 리터니들을 추적 관찰했습니다.[74] 그 결과, 3~4세 아이들은 귀국 후 2개월 뒤에 측정했을 때 특히 외국어를 쓰고 말하는 능력이 상당히 줄어든 반면, 더 나이든 아이들은 6개월 뒤에 측정했을 때도 상당한 수준으로 유지가 되었다고 합니다.

나이라는 요소 역시 안정화 기간과 연관지어서 이해할 수 있어요. 아마도 나이에 따라 한 언어를 안정화하는 데 걸리는 시간이 달라지는 것으로 보입니다. 나이가 많을수록 학교에서 듣고 또래들과 주고받는 언어의 수준도 더 높아지고 밀도 있어질 것입니다. 그 사회의 언어를 이해하고 현지 사람들과 소통하려는 동기 또한 더욱 강할 수도 있고요. 해당 언어를 더 잘 습득하기 위해 읽기를 포함한 다양한 인지적인 자원을 더 잘 활용할 수 있다는 이점도 있습니다.

그래서 같은 기간 해외에 머무르더라도 더 많은 입력과 강한 동기부여를 바탕으로 안정화가 더 빨리 일어날 것이라고 합리적으로 추측할 수 있습니다. 명확하게 결론짓기 위해서는 더 제대로 된 대규모 연구가 필요하겠지만 말이죠.

그럼 해외 연수를 가는 시기는 늦으면 늦을수록 좋은 걸까요? 꼭 그렇지는 않다고 봅니다. '최적의 시기가 언제인가'에 대해 결론을 내리자면 조금 더 다양한 요소를 고려해야 합니다.

첫 번째로 고려할 것은 '외국어 습득의 결정적 시기'라고 불리는 것인데요. 60만 명 이상의 인구를 대상으로 한 대규모 연구를 봅시다. 이 연구에서는 외국어 습득에 있어 특정 나이를 지나면 습득이 훨씬 어려워지는지, 즉 외국어 습득의 결정적 시기가 존재하는지를 살펴봤습니다.[75]

그 결과 만 17.4세 이전에 해당 언어의 구조나 문법을 안정적으로 마스터하는 게 중요하다고 결론지었어요. 해외 거주가 아닌 국내에서 외국어를 학습하는 경우 마스터하는 데 5~7년 정도 걸린다는 점을 바탕으로, 적어도 10~12세 정도에는 외국어 습득을 시작할 것을 권장했습니다.

해외에서는 더욱 빠르게 안정화가 일어날 것이라고 생각한다면 좀 더 늦어도 괜찮겠죠. 하지만 거주 기간이 짧다면, 10~12세보다 크게 늦지 않은 때에 해외에 나가는 편이 좋다고 봅니다.

두 번째로 고려할 것은 '영어 정서'입니다. 영어 정서란 영어에 대해 느끼는 감정이 긍정적인지 부정적인지를 말하는 것인데요. 한국에서 영어를 공부와 시험으로 배우면서 이미 영어에 대한 불안감이 있거나 낮은 자신감이 형성된 경우, 해외 거주 경험이 그리 긍정적이지 않을 수도 있습니다. 해외 거주를 하더라도 해당 언어에 얼마나 적극적으로 노출될 것이냐는 개인의 태도와도 관련이 있는 것이니까요.

실제로 독일에서 태어나 살다가 포르투갈로 돌아온 바이링구얼들을 대상으로 한 연구가 있습니다. 이 연구에서는 독일어와 독일의 문화를 더 긍정적으로 인식한 아이들이 독일어 수준이 더 높았으며 귀국 후 독일어를 덜 잃는 경향이 있었다고 보고했습니다.[76]

또 이른 해외 거주 경험이 영어를 더욱 자연스러운 언어로 인식하게 하거나 영어권 문화에 호의적인 태도를 갖게 합니다. 그래서 귀국 후에 이를 기반으로 영어 책이라던가, 영상이라던가, 게임 등 다양한 콘텐츠를 더 적극적으로 소비하게 도울 수도 있겠죠.

만약 이런 경우라면, 해외에 일찍 다녀오는 게 언어의 안정화 측면에서는 조금 불리하더라도, 해당 문화권에 대한 긍정적 정서와 호기심 등의 부가적인 이점을 가져다줄 수 있겠죠.

사실 부모로서 아이가 어느 나이에 해외를 다녀오는 것이 영어 정서에 긍정적 영향을 미칠지, 부정적 영향을 미칠지 완벽하게 예측하는 것은 매우 어려운 일입니다. 아이의 기질과 나이, 거주 예정 기간, 아이가 살게 될 곳이나 다니게 될 기관의 환경을 복합적으로 따져 보고, 부모가 주체적으로 판단해 결정할 수밖에 없어요.

예를 들어 아직 아이가 어리고 낯선 환경에 적응하는 것에 대해 크게 불안감을 느끼는 기질이라면, 그리고 해외 거주 가능 기간이 그리 길지 않다면, 해외 경험의 대부분이 부정적으로 남을 수도 있습니다. 힘들게 적응만 하다가 돌아오는 셈이죠.

또 즐거운 경험을 많이 할 수 있는 안정적인 환경인지, 부모가 일을 많이 해야 하는 상황인지, 아이와 시간을 많이 보낼 수 있는 상황인지, 아이가 현지의 언어를 잘 구사하지 않더라도 즐겁게 생활할 수 있는 환경인지, 그 언어를 잘 못함으로써 크게 스트레스를 받거나 어려움을 겪게 될 환경인지 등도 고려해야 해요.

해외에 거주한다는 결정은, 언어적인 고려사항 외에 다양한 측면에서 아이의 일상에 영향을 줄 수 있다는 것을 이해한다면 더 신중하게 결정할 수 있겠죠. 사람은 기본적으로 편안하고 행복하고 즐거운 상태에서 언어를 더 잘 습득할 수 있다는 걸 다시 한번 강조합니다.

그 외에도 해당 언어를 읽거나 쓰는 문해력이 높은 경우에 언어 실력이 더 잘 유지되었다는 연구 결과가 있습니다.[77]

종합적으로 보았을 때, 한두 달 정도의 짧은 경험이 언어 유지 관점에서 얼마나 의미 있는지는 알기 어려워요. 하지만 1년 이상의 중장기 해외 거주는 언어적으로 긍정적 영향이 있을 것으로 기대됩니다.

그리고 향상된 언어 실력을 귀국 후에도 쭉 유지하기 위해서는, 귀국 시점의 영어 실력이 상당히 안정화된 상태인 것이 좋아요. 거주 기간이 길고, 너무 어리지 않고, 긍정적 영어 정서 형성에 도움이 되고, 읽고 쓰는 능력까지 함양한 상태로 귀국할 수 있다면 좋겠죠.

개인적으로는, 만약 1년 정도 해외 거주 기회가 있다면 초등학생 1~3학년 정도가 적절하지 않나 싶습니다. 물론 그전에도 바이링구얼 육아 등 긍정적인 방식으로 해당 언어를 이해할 수 있는 기본 역량을 갖춘다면 더 좋겠죠.

이 정도 나이대는 더 고급의 많은 인풋을 통해 언어 실력을 한층 업그레이드하고 안정화할 수 있는 나이라고 봅니다. 읽고 쓰는 실력도 갖출 수 있는 나이죠. 중고등학생들에 비해서는 많이 놀 때기도 하고, 친구를 사귀기도 그리 어렵지 않은 나이예요. 스트레스 요인도 비교적 적을 것입니다.

돌아와서도 영어에 대한 긍정적 정서와 자신감을 바탕으로, 영어책이나 영화 등 영어 활동을 즐거운 취미로 만들어준다면 향후 영어에 큰 투자를 하지 않고도 영어 실력을 꾸준히 높여나갈 수 있을 것입니다.

발음 문제 혹은 언어 지연이 있는 아이, 계속해도 될까요?

앞서 두 개 이상의 언어에 노출되는 것이 아이의 모국어 습득을 저해하지 않는다고 말씀했는데요. 그럼에도 아이가 또래에 비해 한국어 발음이 어눌하거나, 언어 발달 측면에서 느리다고 여겨지는 경우 '혹시 외국어 노출 때문이 아닐까?' 하는 생각이 들 수 있어요.

'베싸TV'에서 옥스퍼드대 언어학자 조지은 교수와 세미나를 진행한 적이 있어요. 조지은 교수는 발음 문제나 언어 지연이 있는 경우에도 영어 노출을 중단할 필요는 없다고 했는데요. 다음 2가지 점을 강조했습니다.

1. 양질의 모국어 환경을 바탕으로 아이의 사고의 언어Mentalese가 잘 잡힐 수 있게 도와줄 수 있다면, 외국어 노출이 모국어에 나쁜 영향을 주지 않는다.

2. 언어란, 사람들이 생각하는 것처럼 한정된 자원을 가지고 여러 언어에 나누어주는 것이 아니며, 언어 간에 서로 방해하지도 않는다.

의심되는 아이의 모국어 관련 문제가 영어 때문은 아닐 가능성이 높습니다. 미국소아과학회에 따르면, 미국 기준으로 언어 발달 지연이라 할 수 있는 현상을 경험하는 아동의 비율은 20%에 달한다고 합니다.[78]

기질이든 환경이든, 이런저런 이유로 많은 아이들이 언어 발달 지연을 경험합니다. 여기서 우리 아이가 다른 모든 아이들과 공통적으로 하고 있지 않은 하나의 요소로 영어 노출을 지목하는 것은 어찌 보면 쉬운 선택이죠. 실제로는 다른 다양한 요소가 원인으로 작용할 수도 있는데도 말이에요.

그러므로 언어적인 관점에서만 본다면 "계속해도 괜찮다"라고 말할 수 있겠지만, 그렇다고 해서 계속하는 게 상책은 아닙니다. 현실적으로 영어 노출을 이어갈 것인지 말 것인지에는 부모님의 확신이나 여유 등 다양한 심리적 요소가 개입하게 되니까요.

예를 들면, 아무리 전문가가 어떻게 말했다 할지라도, 아이의 언어 발달에 대한 걱정은 그리 쉽게 사그라드는 것은 아닙니다. 전적으로 부모의 선택인 영어 노출이 아이에게 영향을 주었을 가능성이 1%라도 있을 거라는 의심이 남아 있다면, 아이의 언어 발달 지연의 원인이 자신에게 있다는 생각을 하게 될 수 있어요. 이는 불필요한 죄책감으로 이어질 수 있습니다.

또한 부모가 아이의 여러 발달에 신경 쓰는 데도 한계가 있을 수밖에 없어요. 당장 급한 게 아이의 언어 발달을 촉진하는 것인데 영어 노출까지 신경쓰려면 상당한 압박감 속에서 살아야 할지도 모릅니다. 언어 문제가 없더라도, 어린아이의 양육자는 참 많은 것을 신경쓰고 걱정하며 살아야 하잖아요.

아이의 언어 발달에 대해 신경써야 하는 상황이라 영어 노출이 조금이라도 부담스럽거나 짐으로 다가온다면, 잠시 중단하라고 권하고 싶습니다. 아이에게 좋은 언어 환경을 만들어주기 위한 노력에 조금 더 투자하면서 최소한의 여유를 확보하세요.

아이에게 좋은 언어 환경을 만들어주기 위해 습득한 지식은 어디 가는 게 아닙니다. 나중에 여유가 생겨서 영어 노출 프로젝트를 재개하려고 할 때 그게 분명 도움이 될 것입니다. 한국어나 영어나 습득하는 원리가 크게 다르지 않으니까요.

바이링구얼 육아는 언제든지 할 수 있어요. 잠깐 놓는다고 해서 아이에게 지금까지 들려줬던 영어가 다 무의미해지는 것도 아닙니다.

〈응용언어학회지〉에 실린, 스웨덴에 아주 어릴 때 입양된 한국인 입양아들을 대상으로 한 연구가 있습니다. 이 연구에 따르면, 어릴 때 잠깐 들었던 한국어의 소리 정보가 완전히 뇌에서 사라지는 것이 아니라고 합니다. 몇십 년간 한국어를 듣지 못하고 성인으로 자란 경우에도, 한 번도 한국어를 듣지 못한 스웨덴인보다 더 한국어를 잘 습득하는 모습을 보였다는 거예요.[79] 물론 그 어떤 한국어 단어도 기억하진 못하지만, 약간의 트레이닝을 거치면 더 잘 배우더라는 것이죠.

영어도 마찬가지일 거예요. 그러니 잠시 쉬어가는 것에 너무 불안해하거나 조급해하지 말길 바라요.

부록

베싸표
생활 영어 표현

부모들이 영어 실력을 높일 수 있는 방법은 많습니다. 개인적으로 추천하는 방법은 하루에 사용해볼 타깃 예문들을 미리 익히고, 실생활에서 아이에게 말해보면서 영어의 구조와 표현에 익숙해지는 거예요.

아이들이 모국어를 배울 때처럼 실제적이고 현실적인 맥락에서, 즉 생생한 경험을 통해 언어를 습득하는 것은 상당히 효과적입니다. 그 이유에 대해 잠깐 알아보겠습니다.

언어 발달을 포함하는 뇌 발달의 기본적인 원리는, 따로따로 존재하는 '뉴런'이라는 뇌 속 신경세포들이 연결되면서 '시냅스'라는 일종의 연결 통로를 만들어내는 것입니다.

우리는 영어 공부를 하려는 사람들이니 영어로 한번 표현해볼게요.

"Neurons that fire together, wire together(함께 발화한 뉴런들은 함께 연결된다)."

이 말은 뇌과학에서 매우 유명한 말이에요.

처음에는 이 연결고리가 미약합니다. 그런데 같은 뉴런이 계속계속 함께 발화하다 보면, 연결고리가 굉장히 튼튼해져요. 그냥 길이었던 것이 고속도로가 되는 거죠.

예를 들어 아이가 차가운 물을 만지면서 "cold"라는 말소리를 들었다고 해볼게요. '차가움'이라는 그 느낌에 반응하는 뉴런과 'cold'라는 말소리에 대응하는 뉴런이 함께 발화하면서 연결될 거예요. 그리고 이런 에피소드가 여러 번 반복될수록 아이의 '차가움-cold' 연결 고리는 점차 튼튼해질 겁니다.

아이가 "cold"라는 말을 들었을 때 머릿속에서 연결되는 '차가움'을 비롯한 다양한 감각 정보, 다양한 이미지, 연관 단어들이 파바박 발화하면서 아이의 언어 처리를 돕겠죠. 단어를 단어 카드로 공부하는 것과 생활 속에서 오감으로 익히는 것은 정말 다른 과정이라는 것, 이해가 되시나요?

어른이 외국어를 배울 때에도 마찬가지입니다. 다양한 감각을 동반하는 생생한 경험들 속에서 외국어를 습득하는 것이, 그냥 맥락 없는 교과서 속 문장을 달달 외우는 것에 비해 효과적이라는 것은 이미 잘 알려져 있어요.

그래서 여기서는 바이링구얼 육아에 도움이 될 육아밀착형 예문들을 선정해 실었습니다. 이 예문들을 다음 두 단계로 습득해보세요. 생생한 경험을 통해 영어 실력이 향상될 거예요.

첫째, 나의 육아 장면을 떠올리면서 각 예문을 소리내어 말해보세요. 물론 해외에서 실제 생생한 경험으로 영어를 배우면 얼마나 좋겠냐마는, 대부분은 영상이나 책으로 공부해야 하는 상황이죠. 하지만 인간의 뇌에서는 상상하는 것만으로도 뉴런이 발화합니다. 실제 그 상황에 처하지 않더라도, 머릿속에 이미지와 상황을 떠올리는 것만으로도 뉴런간의 연결고리를 만들어낼 수 있다는 거예요.

그래서 부모들이 실제 아이와의 상황을 머릿속에 생생하게 떠올릴 수 있는 생활 밀착형 예문들을 열심히 만들어봤어요. 제가 몇 주간 다미에게 건네는 말들을 기록했고, 바이링구얼 육아를 하는 부모들에게도 예문을 달라고 요청해 수집했어요.

이 예문들을 가지고 공부할 때 아이와 대화하는 상황을 떠올리면서 소리내서 말해보세요. 눈을 감고 집중해서 상상해보세요. 실제로 '시각화visualization'는 외국어 습득에 효과가 있다고 알려진 방법이에요. 현실이 아닌 가상의 장면에서 그 표현을 사용해보는 거죠.

둘째, 이렇게 예문을 익힌 뒤에는 아이에게 말로 해보세요. 아이와의 일상에는 반복되는 것이 많기 때문에 충분히 미리 계획할 수 있습니다.

예를 들면, 오늘 아침 아이와 식사를 할 때 "'Let me pour the milk(우유 따라줄게)'라고 말해봐야지!' 하고 결심한 뒤에 실행해보는 거죠. 가상의 장면에서 한 번, 실제 상황에서 여러 번, 이렇게 뉴런들을 반복적으로 연결해서 영어 문장들을 내 것으로 만들어보세요.

이때 문장의 구조와 문법을 완벽히 이해하려고 너무 애쓰지 말고 그냥 표현 그대로 받아들이려고 노력해보세요. 법칙에 연연하기 시작하면, 내 입에서 나올 때도 이게 법칙에 맞나 틀리나 생각하느라고 말이 안 나오게 되거든요.

문장 하나하나를 세세히 공부하고 완벽한 문장에 집착하는 것은 스피킹에는 별로 좋지 않은 방법입니다. 토익 점수에는 도움이 될지 모르겠지만요. 바이링구얼 육아는 100% 스피킹이고 실전이잖아요.

육아 자체가 그렇지만, 바이링구얼 육아에서 완벽주의는 대체로 걸림돌이 됩니다. 예를 들어 'How about~' 뒤에 어떤 것들이 올 수 있는지 내가 100% 알아야겠다, ing는 되고 to 부정사는 안 되고 명사는 되고… 이렇게 다 파악하면서 공부하려고 하면 실전에 바로 적용할 수 없는 지식이 될 뿐 아니라 금세 지쳐요.

'How about playing with this?(이걸로 놀아볼까?)'라는 문장을 배웠다면, 예문 자체를 가상으로, 그리고 육아하면서 최대한 반복해보세요. 그 문장에 충분히 익숙해졌다면 단어 하나씩만 머릿속에서 살짝살짝 바꿔가면서 응용해보세요. 이 정도만 해도 충분해요. 중요하고 잘 쓰이는 패턴이나 동사라면, 앞으로도 계속 어디선가 만나게 될 것이고, 자연스럽게 마스터하게 될 거예요.

예문들은 크게 3가지로 나눠서 소개합니다. 육아에 잘 사용하게 되는 상황별 문장, 패턴별 문장 그리고 동사별 문장들로 나누어 수록했습니다. 자, 지금부터 시작해보시죠.

생활 영어 표현 구체적인 활용법

1 상황별, 패턴별, 동사별 문장들을 대략 열 문장씩 나누어놓았습니다.

2 한 유닛을 어느 정도 기간에 소화할지 정하세요. 예를 들어 하루에 다섯 문장씩 이틀이 될 수도 있겠고, 하루에 열 문장이 될 수도 있겠죠.

3 한 유닛의 문장들을 종이에 프린트해서 각 상황에 맞는 장소에 붙여놓으세요.

4 외출하는 경우에는 프린트물을 그대로 들고 나갈 수 있게 준비하세요. 휴대폰으로 사진을 찍는 것보다 프린트하는 것을 추천합니다. 부모와 아이 모두 휴대폰에 정신이 팔릴 수 있거든요.

5 오늘 이 문장들만큼은 다 써보겠다는 마음가짐으로, 정해진 문장들을 필요한 상황에 사용해보세요. 미리 배운 문장들이 기억난다면 그 문장들도 이야기해주세요.

6 생활 영어 표현을 한 번씩 다 사용했다면 처음부터 다시 시작해도 좋고, 새로 공부해서 나만의 리스트를 만들어도 좋습니다.

말문 트기

대략 270개 문장

바이링구얼 육아가 처음이고 영어 스피킹이 낯설다면, 상황별 문장에서 부터 접근해보세요. '특정 상황에 영어를 사용해봐야지' 하고 마음먹고, 타깃 문장을 하루 1개에서 5개 사이로 미리 익힌 다음에 사용해보는 거죠.

되도록 쉽고 각 상황에서 발생하는 맥락과 자연스럽게 연결짓기 좋은 문장들로 선정했습니다. 영어로 말하는 경험을 쌓고, 아이와 영어로 소통하는 데 성공해보는 게 목표예요. 발음이나 억양에 자신이 없다면, 해당 문장들을 더 자신 있게 내뱉도록 돕는 '우아한 영어 : 말문 트기' 강의를 활용해도 좋아요. 스마트폰으로 아래 QR코드를 스캔하면 강의를 시청할 수 있습니다.

아침에 일어나기

No.	영어	한국어
1	Did you sleep well?	잘 잤어?
2	Good morning!	좋은 아침!
3	Let's go out to living room.	거실로 나가자.
4	Take your bunny with you!	토끼(인형) 가지고 가자!
5	Are you thirsty?	목말라?
6	I will get some water for you.	물 가져다줄게.
7	Wake up!	일어나!
8	Still sleepy?	아직 졸려?
9	Let me open the curtains.	커튼 칠게.

식사 준비하기

No.	영어	한국어
1	Let's make breakfast!	아침 준비하자!
2	I will grab some milk from the fridge.	냉장고에서 우유를 꺼낼 거야.
3	Blender Time!	믹서 돌리자!
4	Do you want to press the button?	네가 버튼 누를래?
5	Can you pour some cereal into the bowl?	시리얼을 그릇에 담아줄래?

6	One scoop, two scoops, three scoops!	한 스쿱, 두 스쿱, 세 스쿱!
7	I will get a cloth.	행주(천) 가져올게.
8	Can you wipe the table?	테이블 좀 닦아줄래?
9	Where is your spoon?	숟가락 어디 있어?
10	Here it is!	여기 있었네!
11	Here you go, your spoon.	자, 숟가락.

식사하기

No.	영어	한국어
1	To the table!	식탁으로 가자!
2	Sit down while you eat.	밥 먹을 때는 앉아요.
3	Look, mommy is sitting nicely.	봐, 엄마는 잘 앉아 있잖아.
4	Are you hungry?	배고파?
5	You dropped your food!	음식 흘렸네!
6	Can you wipe it off?	(흘린 음식을) 닦아줄래?
7	You want me to feed you?	내가 먹여줄까?
8	Try feeding yourself!	네가 먹어봐!
9	Are you done with the food?	밥 다 먹었니?

10	Come here!	이리로 와!
11	I will take your food away now.	이제 식사 치울게.
12	Do you want some more cereal?	시리얼 더 줄까?

식탁 정리하기

No.	영어	한국어
1	Are you full?	배불러?
2	You finished it all!	다 먹었네!
3	Good girl/boy!	착하네!
4	You make me happy.	덕분에 내가 행복해.
5	Thank you for helping.	도와줘서 고마워.
6	Can you put this in the sink?	이거 좀 싱크대에 넣어줄래?
7	Can you bring the cup here?	컵 좀 여기로 가져다줄래?
8	I will wash the dishes now.	나는 이제 설거지할 거야.
9	Can you wait a bit?	잠시만 기다려줄래?
10	Do you want to play with some water?	물장난하고 싶어?
11	Do you want to come up and join me?	이리 올라와서 같이 할래?

양치하기 1

No.	영어	한국어
1	Let's go brush our teeth.	양치하러 가자.
2	Which one do you want?	(여러 개 중) 어떤 게 좋아?
3	You climbed up the steps all by yourself!	계단에 혼자 잘 올라가네!
4	Put some toothpaste here…	여기에 치약 바르고…
5	Here you go!	자, 여기!
6	Look, I am brushing my teeth, too.	봐, 나도 양치하고 있어.
7	Up and down…	아래위로…
8	You are doing so well!	잘하네!
9	Can I help you finish?	마무리하는 거 도와줘도 돼?
10	Gargle!	오글오글!

양치하기 2

No.	영어	한국어
1	Spit in the sink.	세면대에 뱉어야지.
2	All clean now!	깨끗해졌네!
3	We are almost out of toothpaste.	치약을 거의 다 썼네.

4	I don't like leaving the water running.	나는 물 틀어놓는 것 싫어해.
5	Water stays in the sink.	물은 세면대 안에만! (바닥X)
6	Here is your cup.	여기 네 컵 있어.
7	I am flossing.	엄마 치실 쓰고 있어.
8	Dry your hands with the towel.	수건으로 손 닦아.
9	Let's grab a towel!	수건 꺼내자!
10	Let's brush your hair.	머리 빗자.
11	Your hair's a mess.	머리가 엉망이네.

화장실에서

No.	영어	한국어
1	Let's wash your face.	세수하자.
2	Only once!	한 번만! (뭔가 여러 번 하려 할 때)
3	You already did it.	이미 했잖아.
4	I will turn off the water after this.	이번만 하고 물 끌 거야.
5	This is the last time.	이게 마지막이야.
6	Lights off!	불 끈다!
7	I am leaving!	엄마 간다!

8	Do you want to poop?	응가하고 싶어?
9	Push!	힘줘!
10	Your clothes are all wet.	옷 다 젖었네.
11	Stop splashing.	물 튀기지 마.

옷 갈아입기

No.	영어	한국어
1	Can I help you take off your clothes?	옷 벗는 거 도와줘도 돼?
2	Taking off your diaper…	기저귀 벗고…
3	All naked!	빨가벗었네!
4	Can you bring me a diaper?	기저귀 좀 가져올래?
5	Let's put on the diaper.	기저귀 차자.
6	Let me change your diaper.	기저귀 갈아줄게.
7	Let's go pick your clothes.	옷 고르러 가자.
8	Open the drawer.	서랍 열어줘.
9	It's time to wear pants.	이제 바지 입을 시간이야.
10	Here comes the t-shirt.	이제 티셔츠.
11	All done!	다 했다!

옷 고르기

No.	영어	한국어
1	Let's get dressed!	옷 입자!
2	You are so cute today!	오늘 귀엽네!
3	Do you want to go look in the mirror?	거울 보러 갈래?
4	Which hairclip do you want?	어떤 머리핀이 좋아?
5	Can't make up your mind?	못 고르겠어?
6	Blue or pink?	파란색? 분홍색?
7	Stay still.	가만히 있어.
8	Where are your socks?	양말 어디 있지?
9	Pick one!	하나 골라!
10	Where is the other sock?	양말 한 짝은 어디 있어?
11	Where is your left foot?	왼쪽 발 어디 있지?

양말과 신발 신기

No.	영어	한국어
1	Here they are!	여기 있네!
2	They match your pants!	(양말이) 바지랑 어울리네!
3	Striped socks?	줄무늬 양말?

4	Polka-dot socks?	땡땡이 양말?
5	Socks with Pororo?	뽀로로 그려진 양말?
6	We are out of time.	시간이 없어.
7	We have to leave now.	나가야 해.
8	Would you rather stay home?	집에 있고 싶어?
9	Let's pick out your shoes now.	이제 신발 고르자.
10	I will help you put them on.	신발 신는 것 도와줄게.
11	Put your foot in here.	여기 발 넣어.

외출했을 때 1

No.	영어	한국어
1	It is sunny today!	오늘 날씨가 화창하네!
2	What a lovely day!	날씨 정말 좋다!
3	We are waiting for a bus.	버스 기다리고 있어.
4	It's a red light.	빨간 불이야.
5	It's a green light.	초록 불이야.
6	We must stop and wait at a red light.	빨간 불일 때는 멈춰서 기다려야 해.
7	Now we go.	이제 가자.

8	Let's cross the street.	길 건너자.
9	There's a puppy!	강아지가 있네!
10	Say hello.	안녕~ 해줘!

외출했을 때 2

No.	영어	한국어
1	It is quite windy today!	오늘 바람이 좀 부네!
2	It's quite chilly today!	오늘 좀 춥네!
3	Be careful!	조심해!
4	You tripped.	넘어졌구나.
5	Are you okay?	괜찮아?
6	Did you get hurt?	다쳤어?
7	Where does it hurt?	어디가 아파?
8	Don't touch that.	그거 만지지 말자.
9	What did you pick up?	뭐 주웠어?
10	Let's just put it here.	여기다 놓자.

외출했을 때 3

No.	영어	한국어
1	You saw a bird?	새 봤어?
2	A sparrow is chirping.	참새가 짹짹거리고 있네.
3	Look, a crow!	봐, 까마귀야!
4	Let's head over there.	저쪽으로 가자.
5	Follow me.	나 따라와.
6	Not that way.	그쪽 아니야.
7	Let's go this way today.	오늘은 이쪽으로 가자.
8	Get in the car.	차에 타.
9	Let me buckle you up.	벨트 채워줄게.
10	Look out the window.	창문 밖을 봐.
11	What do you see through the window?	창문 밖에 뭐 보여?

외출했을 때 4

No.	영어	한국어
1	Wipers on.	와이퍼 켰다.
2	It's getting dark.	어두워지고 있네.
3	Let's head home.	집으로 가자.

4	I'm gonna call and check on daddy.	전화해서 아빠 (어디 있나/ 뭐하나) 확인해 볼게.
5	Step by step.	한 걸음, 한 걸음.
6	It's dangerous.	위험해.
7	Step back.	(한 걸음) 물러나.
8	Walk slowly.	천천히 걸어.
9	Hold my hand.	내 손잡아.
10	Do you want to be carried?	안아줄까?

외출했을 때 5

No.	영어	한국어
1	You want to get down?	내려줄까?
2	Let me carry you.	안아줄게.
3	Let me get you down.	내려줄게.
4	I don't think that's a good idea.	그렇게 하지 않는 게 좋겠어.
5	Do you want to go down the slide?	미끄럼틀 탈까?
6	Do you want to slide again?	미끄럼틀 한 번 더 타고 싶어?
7	Do you want to go swing?	그네 타러 갈래?
8	Do you want me to keep pushing you?	계속 밀어줄까?

9	One more time?	한 번 더?
10	It's fun!	재밌다!

외출했을 때 6

No.	영어	한국어
1	Let's do something else.	다른 거 하자.
2	One second.	잠깐만.
3	Put a mask on.	마스크 써.
4	Let me fix this a bit.	내가 (마스크 등) 똑바로 해줄게.
5	It stinks.	냄새가 나빠.
6	It smells good.	냄새 좋다.
7	Do you want to try this?	이거 해보고 싶어?
8	Feel this.	(감촉을) 느껴봐.
9	Do you want to press the button?	네가 버튼 누르고 싶어?
10	Here is the elevator.	엘리베이터 왔다.
11	Let's get in.	타자.

집에서 놀 때 1

No.	영어	한국어
1	Peekaboo!	까꿍!
2	Where is OO?	OO 어디 있지?
3	Here she is!	여기 있네!
4	Get down from there.	거기서 내려와.
5	Don't go up there.	거기 올라가지 마.
6	Let's build something.	(블록으로) 뭐 만들자.
7	You are feeding the bunny?	토끼 맘마 주고 있어?
8	This is called a lion.	이건 사자야.
9	Bring a book you want to read.	네가 읽고 싶은 책 가져와.
10	Can you put this back to the shelf?	이거 선반에 갖다 놔줄래?

집에서 놀 때 2

No.	영어	한국어
1	Watch me put this back to the shelf.	내가 이거 선반에 갖다 놓는 것 봐.
2	Put them in the box.	(그것들을) 상자에 넣어줘.
3	It lights up!	불빛이 나네!
4	You are such a good dancer!	춤 잘 추네!

5	What are you drawing?	뭐 그리고 있어?
6	Which color do you want?	무슨 색깔이 좋아?
7	What do you want me to draw?	내가 뭐 그려줄까?
8	You got paint on your hands.	손에 물감 묻었어.
9	Let's wipe it off.	닦아내자.
10	Do you need more water?	물 더 줄까?

집에서 놀 때 3

No.	영어	한국어
1	Use this cloth.	이 행주를 사용해.
2	Use this (wet) wipe.	이 물티슈를 사용해.
3	You took enough.	(물티슈를) 충분히 뽑았어.
4	You stacked them.	(그것들을) 쌓았구나.
5	Neat!	멋진데!
6	Beautifully done!	멋지게 해냈네!
7	Can I help you a bit?	조금 도와줄까?
8	Turn it this way.	이쪽으로 돌려.
9	Watch me do it.	내가 하는 거 잘 봐.
10	It's quite hard.	이거 어렵다.

집에서 놀 때 4

No.	영어	한국어
1	Move this piece here.	이 조각을 여기로 옮겨.
2	It makes sound when you shake it.	흔들면 소리가 나.
3	Complete!	완성!
4	It was an accident.	일부러 그런 게 아니야.
5	I made a mistake.	내가 실수했어.
6	It's not your fault.	네가 잘못한 게 아니야.
7	You can do it.	넌 할 수 있어.
8	Just a little more.	조금만 더.
9	You are almost there.	거의 다 했어.
10	Let's clean the living room.	거실을 좀 치우자.

집에서 놀 때 5

No.	영어	한국어
1	Can I put this away?	이거 치워도 돼?
2	Are you done with this?	이거 다 한 거야?
3	You spilled some water.	물 쏟았구나.
4	Let's get your cloth.	행주 가지러 가자.

5	Go get your cloth.	행주 가져와.
6	I'm looking for your puppy.	내가 네 멍멍이를 찾고 있어.
7	If you want to hit something, let's look for something softer.	뭔가 내리치고 싶다면, 더 부드러운 것을 찾아보자.
8	You bumped your head?	머리 쿵 찍었어?
9	That must hurt.	아프겠다.
10	Let me hug you.	꼭 안아줄게.

집에서 놀 때 6

No.	영어	한국어
1	I'm gonna get you!	OO 잡아라!
2	Run away!	도망쳐!
3	This piece fits this one.	이 조각은 이것과 맞아.
4	Let it go.	놔.
5	Drop it.	떨어뜨려.
6	Stop pulling my hair.	내 머리 잡아당기지 마.
7	It hurts.	아파.
8	Look, mommy's crying.	봐, 엄마 울잖아.
9	Comfort her.	(엄마를) 위로해 줘.
10	Who wants some snacks?	간식 먹을 사람?

집에서 놀 때 7

No.	영어	한국어
1	What shall we eat for a snack?	간식으로 뭘 먹을까?
2	Did you have enough?	많이 먹었어?
3	Where are you going?	어디 가?
4	Show me.	보여줘.
5	Say "Bye".	"안녕" 해.
6	Your turn.	네 차례야.
7	One for mommy, one for OO.	엄마 하나, OO이 하나.
8	You take the big one.	OO이가 큰 거 해.
9	It looks like a snake!	뱀처럼 생겼네!
10	Round and round~	빙글빙글~

목욕하기

No.	영어	한국어
1	Bath time!	목욕 시간!
2	I will fill it with water first.	물 좀 채울게.
3	Wait here.	여기서 기다려.
4	The water is still hot.	물이 아직 뜨거워.

No.	영어	한국어
5	Let's mix in some cold water.	찬물을 좀 섞을게.
6	It's good and warm now.	이제 따뜻하고 좋다.
7	Here's your boat.	네 배 여기 있어.
8	Bubbles!	거품!
9	I will shampoo your hair.	머리 감겨줄게.
10	Let's rinse it off.	헹구자.

잘 준비하기

No.	영어	한국어
1	Hang in there.	조금만 더 참아.
2	Almost done.	거의 다 끝났어.
3	Let's dry with a towel.	수건으로 몸 닦자.
4	I will put on some lotion.	로션 발라줄게.
5	Give me your hands.	손 줘봐.
6	I will massage you.	마사지 해줄게.
7	Time to sleep now.	잘 시간이야.
8	Close the door.	문 닫아줘.
9	I'm turning off all the lights.	불 다 끈다.
10	Come here, Let's read some books together.	이리 와, 함께 책 읽자.

잠자기

No.	영어	한국어
1	I will put some music on.	노래 틀어줄게.
2	Snuggles!	껴안기!
3	It's so cozy, isn't it?	포근하다, 그치?
4	Have some milk.	우유 좀 마셔.
5	Let me know if you're thirsty.	목마르면 말해.
6	I will put the blanket on you.	이불 덮어줄게.
7	Starting to feel sleepy?	슬슬 졸리지?
8	Look at you yawning.	하품했어요?
9	Good night, my love.	잘 자, 내 사랑.
10	Thumbs up to myself.	오늘 하루 수고한 나 자신, 잘했어. 엄지 척!

패턴별 문장

표현 확장

대략 191개 문장

상황별 문장을 통해 작은 성공 경험들을 만들어보았나요? 그렇다면 스스로 문장을 만드는 능력을 조금씩 늘려가는 데 좋은 접근법이 두 가지 있어요.

첫 번째는 실생활에서 자주 사용하게 되는 패턴을 입에 익혀, 단어나 구만 바꿔가며 응용해보는 거예요. 두 번째는 다양한 상황에 범용적으로 쓰일 수 있는 기본 동사들의 의미를 잘 파악하는 거예요. 이 2가지만 잘하면 간단한 문장 정도는 실생활에서 직접 만들어 쓸 수 있습니다.

이 과정을 통해 단순한 문장들을 스스로 만들어서 쓸 수 있게 된 뒤에는 뭘 할까요? 앞서 소개했듯 챗GPT 등을 통해 육아하면서 궁금했던 표현들을 찾아보기도 하고, 다양한 읽기 자료와 시청각 자료 등을 통해 실력을 지속적으로 키워나갈 수 있어요.

그럼 육아 상황에서 잘 쓰이는 패턴별 예문들을 알아보겠습니다. 패턴별 예문들을 학습하면서 해당 패턴을 활용한 나만의 문장들도 많이 만들어보세요. 직접 만드는 과정 자체가 공부가 되므로 꼭 직접 만들어보세요. 팁을 드리자면, 문장을 만든 뒤에는 챗GPT에게 자연스러운 표현인지 한번 물어보세요!

더 많은 패턴과 응용 문장, 그에 대한 상세한 설명, 그리고 각 표현이 사용되는 육아 상황에 대한 시각화를 돕는 베싸의 코멘트는 '우아한 영어 : 표현 확장 – 패턴편' 강의에서 들을 수 있어요. 스마트폰으로 아래 QR코드를 스캔하면 강의를 시청할 수 있습니다.

Let me : ~할게, 해줄게

No.	영어	한국어
1	Let me show you how to do this.	이거 어떻게 하는지 보여줄게.
2	Let me get this off.	이거 떼어줄게.
3	Let me help you do it.	(네가 이걸 할 수 있게) 도와줄게.
4	Let me hold here so that you can take out your arm from here.	네가 팔을 뺄 수 있게 내가 여기 잡고 있을게.
5	Let me bring your fork.	포크 가져다줄게.
6	Let me take a picture of you.	사진 찍어줄게.

I'm just about to : 지금 ~하려던 참이야

No.	영어	한국어
1	I'm just about to call daddy.	지금 막 아빠에게 전화하려던 참이야.
2	I'm just about to wake up.	지금 막 일어나려던 참이야.
3	I'm just about to make you a dinner.	지금 막 저녁 만들어주려던 참이야.
4	I'm just about to bring you the milk.	지금 우유 가져다주려던 참이야.
5	I'm just about to go grocery shopping.	지금 막 장 보러 가려고 했어.

I'm gonna : 내가 ~할 거야

No.	영어	한국어
1	I'm gonna get a bowl.	그릇 하나 가져올게.
2	I'm gonna open the window to get some fresh air.	환기하기 위해 창문을 좀 열 거야.
3	I'm gonna cut it in half.	이걸 반으로 자를 거야.
4	I'm gonna ask you one more time.	한 번 더 물어볼게.
5	I'm gonna soak it in the water.	이제 이걸 물에 담글 거야.
6	I'm going to peel this off.	이제 껍질을 벗길 거야.

I'm doing this so : ~하려고 ~하고 있어

No.	영어	한국어
1	I'm doing this so you can eat more easily.	네가 먹기 좋게 하려고 이렇게 하고 있는 거야.
2	I'm doing this so we get some fresh air.	환기 좀 하려고 이렇게 하고 있는 거야.
3	I'm doing this so you can hold it better.	네가 더 잘 잡을 수 있도록 해주는 거야.
4	I'm doing this so you can play safely.	네가 더 안전하게 놀 수 있도록 해주고 있는 거야.
5	I'm doing this so it gets softer.	더 부드러워지라고 이렇게 하고 있는 거야.
6	I'm doing this so you can see better.	네가 더 잘 볼 수 있게 이렇게 해주는 거야.

I'm trying to : ~하려고 (노력)하는 중이야

No.	영어	한국어
1	I'm trying to open this jar.	이 병을 열려고 하는 중이야.
2	I'm trying to lift this up.	이걸 들어 올리려고 하는 중이야.
3	I'm just trying to help.	그냥 도와주려고 한 거야.
4	I'm trying to move this table there.	이 테이블을 거기로 옮기려고 하는 중이야.
5	I'm trying to open this container.	이 통 열려고 하는 중이야.
6	I'm trying to figure this out.	이거 이해해 보려고 하는 중이야.

I'm looking for : ~을 찾고 있어

No.	영어	한국어
1	I'm looking for something for us to drink.	마실 만한 게 있는지 찾고 있어.
2	I'm looking for the car key.	자동차 열쇠 찾는 중이야.
3	I'm looking for something to put on.	입을(쓸/신을) 만한 것을 찾고 있어.
4	I'm looking for the wet wipes.	물티슈 찾고 있어.
5	I'm looking for the glasses.	안경 찾고 있어.
6	I'm trying for the cap to this bottle.	이 병의 뚜껑을 찾고 있어.

How about : ~는 어때?

No.	영어	한국어
1	How about this?	이건 어때?
2	How about going to the playground?	놀이터 갈까?
3	How about getting burgers for tonight?	오늘 저녁으로 햄버거 어때?
4	How about going to the convenience store?	우리 편의점 갈까?
5	How about visiting uncle OO?	우리 OO 삼촌 보러 갈까?
6	How about playing with these blocks?	우리 이 블록들 가지고 놀까?

Is it okay if : ~해도 괜찮아?

No.	영어	한국어
1	Is it okay if I carry you? It can be dangerous here.	널 안고 가도 될까? 여기 위험할 수 있어.
2	Is it okay if daddy help you to brush your teeth today?	오늘 아빠가 이 닦는 거 도와줘도 괜찮아?
3	Is it okay if your brother plays with your doll?	남동생이/오빠가 너의 인형 가지고 놀아도 괜찮아?
4	Is it okay if I sit here?	여기 앉아도 돼?
5	Is it okay if I change your diaper now?	지금 기저귀 갈아줘도 돼?
6	Is it okay if he turns off the light?	아빠가 불 끈다는데 괜찮아?

Let's not : ~하지 말자

No.	영어	한국어
1	Let's not touch that.	그거 만지지 말자.
2	Let's not put it there.	그거 거기에 놓지 말자.
3	Let's not take that outside.	밖으로 가져가지 말자.
4	Let's not go that way.	우리 그 길로 가지 말자.
5	Let's not sing in the evening.	저녁엔 노래 부르지 말자.
6	Let's not go up there. It looks dangerous.	거기 올라가지 말자. 위험해 보인다.

Let me know : 나에게 ~ 알려줘

No.	영어	한국어
1	Let me know what you want.	네가 원하는 게 뭔지 알려줘.
2	Let me know if you don't want to stay here.	여기에 안 있고 싶으면 알려줘.
3	If you need me, just let me know. I'll be in the kitchen.	내가 필요하면 알려줘. 나는 부엌에 있을 거야.
4	Let me know which one you like better.	뭐가 더 좋은지 알려줘.
5	Please let me know if you feel like pooping.	응가하고 싶으면 알려줘.
6	Let me know how you feel about this.	이거 어떤지 알려줘/말해줘.

You're not allowed to : ~하는 건 안 돼

No.	영어	한국어
1	You're not allowed to take that.	그거 가지고 가면 안 돼.
2	You're not allowed to leave the bedroom.	침실에서 나가면 안 돼.
3	You're not allowed to watch this.	이거 보면 안 돼.
4	You're not allowed to drink this.	이거 마시면 안 돼.
5	You're not allowed to bring that to bed.	그거 침대로 가져가면 안 돼.
6	You're not allowed to go in there.	거기 들어가면 안 돼.

명령문, so that : ~하도록 ~해

No.	영어	한국어
1	Pour water gently, so that you won't spill.	물 쏟지 않도록 조심히 따르자.
2	Say it without crying, so that I can understand.	내가 이해할 수 있게 울지 말고 말해.
3	Come here, so that I can hug you.	이리 와, 안아줄게.
4	Bring it here, so that I can see.	내가 볼 수 있게 이리로 가져와.
5	Don't talk loudly, so that others can read books.	다른 사람들 책 읽을 수 있게 크게 말하지 말자.
6	Come here right now, so that we can go home.	지금 이리로 와, 집에 가게.

I know : ~하는 거 알아

No.	영어	한국어
1	I know you are sleepy.	너 졸린 거 다 알아.
2	I know you are about to spit out.	지금 뱉으려는 거 다 알아.
3	I knew you would like to play with it.	그거 잘 갖고 놀 줄 알았어.
4	I know it won't taste good, but you can try.	맛없다는 거 알지만, 그래도 한번 먹어봐.
5	I know that you don't like it. One more second.	네가 그것을 안 좋아하는 거 알아. 조금만 더 참자.
6	I know it can be upsetting.	속상할 수 있다는 거 알아.

You don't have to : ~할 필요 없어

No.	영어	한국어
1	You don't have to finish this.	다 안 먹어도 돼.
2	You don't have to scream like that.	그렇게 소리 지를 필요는 없잖아.
3	You don't have to stay here if you don't feel like it.	원하지 않으면 여기 있지 않아도 돼.
4	You don't have to be so jealous.	그렇게 질투할 필요 없어.
5	You don't have to put on socks. You're wearing a sandal today.	양말 안 신어도 돼. 오늘 샌들 신을 거야.
6	You don't have to peel that off.	그거 껍질 안 까도 돼.

Are you done : 다 ~했니?

No.	영어	한국어
1	Are you done putting them on?	다 입었어? / 다 신었어?
2	Are you done eating?	다 먹은 거야?
3	Are you done with this?	이거 다 한 거야?
4	Are you done crying?	다 울었어?
5	Are you done painting?	다 칠했어?
6	Are you done looking around?	다 둘러봤어? (다 구경했어?)

You seem : ~하는 것 같네

No.	영어	한국어
1	You seem to wanna give it a try.	너 이거 한번 해보고 싶구나.
2	He seems to wanna give it a try.	저 친구도 이거 해보고 싶나 봐.
3	They seem to wanna stay longer.	친구들이 여기서 더 놀고 싶나 봐.
4	You seem extra happy today.	오늘 엄청 신나 보이네!
5	You seem uncomfortable.	너 불편해 보이는데.
6	You seem to like this.	이거 좋아하는 것 같은데?

Do you wanna : ~하고 싶어?

No.	영어	한국어
1	Do you wanna try eating with a spoon?	네가 한번 숟가락으로 먹어보고 싶어?
2	Do you wanna poop/pee now?	지금 응가/쉬 하고 싶어?
3	Do you wanna try yourself?	스스로 해보고 싶어?
4	Do you wanna go outside?	밖에 나가고 싶어?
5	Do you wanna go out to see daddy?	아빠 보러 나갈까?
6	Do you wanna hold my hand?	내 손잡고 싶어?

You wanted to : ~하고 싶었구나

No.	영어	한국어
1	You wanted to play with the sand.	모래 가지고 놀고 싶었구나.
2	You wanted to do that.	그거 하고 싶었구나.
3	You wanted to touch this.	이거 만져보고 싶었구나.
4	You wanted to go out with mommy.	엄마랑 나가고 싶었구나.
5	You wanted to see what's inside.	안에 뭐가 있는지 보고 싶었구나.
6	You wanted to grab this.	이거 잡고 싶었구나.

Are you ready to : ~할 준비됐어?

No.	영어	한국어
1	Are you ready to take a bath?	목욕할 준비됐어?
2	Are you ready to sleep?	잘 준비됐어?
3	Are you ready to wrap it up?	마무리할 준비됐어?
4	Are you ready to eat?	먹을 준비됐어?
5	Are you ready for some fun?	재밌게 놀 준비됐어?
6	Are you ready to sing a song with me?	나랑 같이 노래 부를 준비됐어?

I wish : ~라면 좋겠다(하지만 현실은 안 돼)

No.	영어	한국어
1	I wish I could come with you.	나도 너랑 같이 가고 싶어.
2	I wish I had some cash now.	지금 현금이 좀 있으면 좋을 텐데.
3	I wish I could do that.	그렇게 해줄 수 있으면 좋을 텐데.
4	I wish it weren't raining outside.	밖에 비 안 왔으면 좋았겠다.
5	I wish I had three arms so that I can carry you and push the stroller at the same time.	내가 팔이 세 개여서 너도 안아주고 유모차도 밀어줄 수 있으면 좋으련만.
6	I wish he was with us.	할아버지/아빠/오빠도 지금 우리랑 함께 있다면 좋을 텐데.

(It's) time to : ~할 시간이야

No.	영어	한국어
1	It's time to turn off the TV.	TV 끌 시간이야.
2	Time to say good-bye.	작별 인사할 시간이야.
3	It's too late. Time to go to bed.	너무 늦었다. 자러 갈 시간이야.
4	It's time to brush your teeth.	양치할 시간이야.
5	It's time to wake up your daddy.	아빠 깨울 시간이다.
6	It's time to take medicine.	약 먹을 시간이야.

This is where : 여긴 ~하는 곳이야

No.	영어	한국어
1	This is where we keep fruits.	여긴 과일을 보관하는 곳이야.
2	This is where you put all the dirty clothes.	여긴 더러워진(빨래할) 옷을 놓는 곳이야.
3	This is where you eat.	여긴 밥 먹는 곳이야.
4	This is where all your socks are.	여기가 양말 놓는 곳이야.
5	This is where you sleep.	이곳이 네가 자는 곳이야.
6	This is where we store diapers.	여기다가 기저귀 놓는 거야.

It looks : (보기에) ~인 것 같아

No.	영어	한국어
1	It looks great.	멋진데?
2	It looks weird.	이상해 보인다.
3	It looks much better this way.	이렇게 하는 게 훨씬 더 좋아 보인다.
4	It looks like someone's behind that curtain.	커튼 뒤에 누구 있는 것 같은데?
5	It looks the same either way.	그거나 이거나 똑같아 보이는데.
6	Everything looks good.	모든 게 다 좋아 보여.

I think it's : (내 생각에) ~인 것 같은데

No.	영어	한국어
1	I think it's broken.	고장 난 것 같은데?
2	I think it's too much.	너무 많은 것 같은데?
3	I think it's better to keep this here.	이거 여기에 두면 좋을 것 같은데?
4	I think it's gone bad.	이거 상한 것 같아.
5	I think it's quite nice.	이거 좀 괜찮은데.
6	I think it's time for you to stop playing with the water.	이제 물놀이 그만 하는 게 좋을 것 같은데.

Let's see : (같이) 한번 보자

No.	영어	한국어
1	Let's see.	한번 보자(한번 알아보자. 확인해 보자.)
2	Let's see how it goes.	어떻게 되는지 같이 한번 보자.
3	Let's see if we can make it.	우리가 해낼 수 있을지 한번 해보자.
4	Let's see how tall you got.	(키를 재며) 얼마나 컸나 보자.
5	Let's see if we have any.	(하나라도 집에) 있나 한번 보자.
6	Let's see how it sounds.	어떤 소리 나나 보자.

There is/are : ~있다

No.	영어	한국어
1	There is an ant here.	여기 개미 한 마리 있다.
2	There is nothing left.	남은 게 없어.
3	There are three people in this car.	차에 세 사람이 있네.
4	There is nothing to buy.	여기 살 거 없어.
5	There is nothing to be afraid of.	무서워할 것 없어.
6	There is none.	하나도 없어.

That's/Those/These are not for : ~하는 거 아니야

No.	영어	한국어
1	These are not for eating.	이것들은 먹는 거 아니야.
2	That is not for drinking.	그거 마시는 거 아니야.
3	Those are not for playing with.	저것들은 가지고 노는 거 아니야.
4	Those are not for touching.	저것들은 만지는 거 아니야.
5	That is not for sale.	그거 파는 거 아니야.
6	That is not for pressing.	그거 누르는 거 아니야.

When : ~하면(시기)

No.	영어	한국어
1	You can eat when it's ready.	준비되면 먹을 수 있어.
2	You shouldn't run around at home when it's dark outside.	밖이 어두워지면 집에서 뛰어다니면 안 돼.
3	We will go out when daddy comes home.	아빠 집에 오시면 밖에 나가자.
4	You must be extra careful when you hold this.	이거 들고 있을 땐 특별히 조심해야 해.
5	You can cross when the light turns green.	초록 불로 바뀌면 건널 수 있어.
6	Let me know when you feel like going potty.	화장실 가고 싶으면 말해.

장소, Where : ~하는 곳

No.	영어	한국어
1	Your bunny is on your bed, where you left it yesterday.	토끼 인형은 네가 어제 침대에 놓고 나왔잖아.
2	Let's take this to the table, where you eat.	네가 항상 음식을 먹는 테이블로 가져가자.
3	We're going to the clinic, where you get a candy after taking a shot.	주사 맞고 사탕 주는 병원 갈 거야.
4	Let's find a cozy place, where we can take some rest.	우리 좀 쉴 만한 편한 데 찾아보자.
5	This is the room where daddy works out.	여기가 아빠가 운동하는 방이야.
6	That's a clinic, where we can go if you have a fever.	저기 네가 열나면 가는 병원 있다.

What : ~하는 것

No.	영어	한국어
1	Bring what you want.	네가 원하는 거 가져와.
2	Tell me what you need.	네가 원하는 것을 말해봐.
3	Is this what you meant?	이거 말이야?(네가 말한 게 이거야?)
4	Let me tell you what it says.	뭐라고 쓰여 있는지 말해줄게.
5	This is not what you want?	이거 네가 원하는 게 아니야?
6	Let's see what's in it.	안에 뭐 들어있나 보자.

How is : 어때?

No.	영어	한국어
1	How is your arm?	팔 어때?(다쳤어?)
2	How is my face? Is there anything on it?	내 얼굴 어때? 뭐 묻었어?
3	How are my eyes? Are they red?	내 눈 어때? 빨갛게 됐어?
4	How is your bunny doing?	네 토끼는 잘 있어?
5	How is your stomach?	배는 어때?(아직 아파?)
6	How is your day going?	오늘 하루 어때?

It makes : ~을 ~하게 만든다

No.	영어	한국어
1	Thank you. It makes me feel better.	고마워. 기분이 좋아졌어.
2	Please stop. It makes him uncomfortable.	그만해. 친구 불편하잖아.
3	If it makes you happy, I'll let you do that.	네가 행복하다면, 하게 해줄게.
4	It makes me so proud to see you finish that by yourself.	네가 혼자서 다 한 거 보니까 엄마/아빠는 너무 자랑스러워.
5	It makes me so happy to see you doing that.	네가 그렇게 하는 걸 보니 엄마/아빠 너무 행복하다.
6	It makes sense.	그거 말 되네.

표현 확장

대략 210개 문장

한국인에게 영어가 어려운 이유 중 하나는 어순이 다르다는 것입니다. 예를 들어 한국어에서는 "밥 먹어"라며 '밥'이라는 명사가 먼저 나오죠. 반면 영어로는 "Eat your food"라고 해서 'eat'이라는 동사가 먼저 나옵니다. 영어에서는 주어와 동사를 먼저 말하고 그 뒤에 따라오는 것들을 말하면 되는데, 동사부터 막히니 말문이 영 트이질 않습니다.

또 하나 영어가 어려운 점은 동사 하나가 굉장히 다양한 의미로 사용될 수 있다는 것입니다. 한국어에서 '메다', '쓰다', '입다', '신다' 등의 동사를 영어로는 'put'이라는 동사로 다 해치워버리죠. 어디 그뿐인가요. put 뒤에 in이 오면 '넣다'라는 뜻이 되고, put 뒤에 off 가 오면 '(불을) 끈다'는 의미가 되기도 합니다.

이처럼 영어에는 범용적으로 쓰이는 동사가 많아요. 그래서 몇몇 주요 동사에 익숙해지면 생각보다 쉽게 영어 문장을 만들 수 있습니다.

그래서 패턴과 더불어 동사를 익히는 게 영어 문장 만드는 데 크게 도움이 됩니다. 제가 육아 상황에서 자주 쓰는 동사들을 정리했습니다. 하루 하나씩 동사를 익혔다면, 그 동사를 그날 꼭 현실에서 사용해보세요. 그리고 챗GPT에게 그 동사를 활용해서 아이에게 말하기 좋은 영어 문장을 만들어달라고 요청해보세요.

각 동사가 어떤 뉘앙스를 담고 있는지에 대한 상세 설명과 더 많은 동사들, 그리고 각 표현이 사용되는 육아 상황을 통해 시각화를 돕는 베싸의 코멘트는 '우아한 영어 : 표현 확장 – 동사편' 강의에서 들을 수 있어요. 스마트폰으로 아래 QR코드를 스캔하면 강의를 시청할 수 있습니다.

Get ① 되다, 바뀌다

No.	영어	한국어
1	Get ready.	나갈 준비해.
2	You are getting better at this.	갈수록 잘하네.
3	You got taller.	키 컸네.
4	They're getting closer to each other.	이것들이 서로 점점 가까워지고 있네.
5	It got all wet.	다 젖었잖아.
6	Don't get upset.	속상해하지 마.

Get ② 얻다

No.	영어	한국어
1	Let's go get your diaper.	기저귀 가지러 가자.
2	Look, I got this for you.	이거 봐, 내가 이거 사 왔어.
3	Where did you get that?	그거 어디서 가져왔어?
4	When did you scratch your nose? You got a boo-boo here.	언제 코 긁었어? 여기 상처 났네.
5	I will get some water for you.	물 좀 가져다줄게.
6	You got that from nursery/daycare?	그거 어린이집에서 받아왔어?

Get ③ 묻다

No.	영어	한국어
1	You got something on your mouth.	입에 뭐 묻었네.
2	Your t-shirt got stain here.	티셔츠에 뭐 묻었어.
3	You got some blueberry on your teeth.	이에 블루베리 묻었어.
4	You got paint on your hand.	손에 물감 묻었어.
5	You got something on your sweater.	스웨터에 뭐가 붙었어/묻었어.
6	You got an eyelash in your eye.	눈 안에 속눈썹이 들어갔어.

Get ④ 이해하다, 도착하다

No.	영어	한국어
1	I got it.	알겠어 / 이해했어.
2	Do you get it?	이해했어?
3	We must wash our hands when we get home.	집에 오면 손 씻어야 해.
4	We're getting there soon.	거의 다 왔어.
5	You can have a candy when we get there.	거기 도착하면 사탕 먹을 수 있어.
6	Daddy said he'll get here soon.	아빠가 곧 여기 오신다고 했어.

Get ⑤ 숙어

No.	영어	한국어
1	Get in bed.	침대로 들어가.
2	Get up, honey.	일어나렴.
3	Get back!	돌아와!
4	You guys have to get along together.	너희들, 사이좋게 지내야지.
5	You want me to get out?	엄마/아빠 나갈까?
6	Get in the car.	차에 들어가 / 차 타.

Have ① 가지다

No.	영어	한국어
1	I have an apple in my hand.	내 손에 사과 하나가 있어.
2	We have straws somewhere. Let me get one.	어딘가에 빨대가 있는데. 하나 가져올게.
3	I already have one.	나 이미 하나 있어.
4	Did you have fun today?	오늘 재미있었어?
5	I have a cut on my finger.	나 손가락에 베인 상처가 있어.
6	Oh, you don't have a spoon.	어, 숟가락이 없구나.

Have ② 먹다, 마시다

No.	영어	한국어
1	We're having breakfast now.	우리 이제 아침 먹을 거야 / 먹고 있어.
2	Have you had enough?	충분히 먹었어?
3	Have some eggs.	달걀 좀 먹어.
4	We've had this before, haven't we?	우리 이거 먹어본 적 있지?
5	Here, have some juice.	여기, 주스 좀 마셔.
6	Would you like to have some bananas?	바나나 좀 먹을래?

Have ③ 시키다, ~하게 하다

No.	영어	한국어
1	I'll have him clean your bottle.	아빠한테 네 젖병 씻으라고 할게.
2	I'll have you finish that this time.	이번에는 네가 이거 다 먹게 만들 거야.
3	Let me have him try this.	아빠/오빠/동생한테 한번 해보라고 할게.
4	Have him throw this away for you.	아빠/오빠/동생한테 이거 버리라고 해.
5	I have daddy arrange the table for dinner.	아빠한테 저녁 먹게 상 차리라고 시켰어.
6	I'll have him clean here.	아빠/오빠/동생한테 여기 청소하게 할 거야.

Make ① 만들다

No.	영어	한국어
1	I made a pancake.	엄마/아빠가 팬케이크 만들었어.
2	Did you make this for me? Thank you!	엄마/아빠 주려고 만든 거야? 고마워!
3	I'm making breakfast.	아침 만들고 있어.
4	Make a pose!	포즈 취해봐!
5	Let's make a ball with the clay.	찰흙으로 공을 만들자.
6	Let me make a bracelet with this.	이걸로 팔찌 만들어줄게.

Make ② 시키다, ~하게 하다

No.	영어	한국어
1	Did daddy make you wear that?	아빠가 그거 입으라고 시켰어?
2	Did it make you feel sad?	그것 때문에 슬펐어?
3	Okay, I'm not going to make you drink this.	알았어, 억지로 마시게 하지 않을게.
4	Did that bike sound make you scared?	오토바이 소리 때문에 깜짝 놀랐어?
5	It seems we can't make you eat this.	보아하니 네가 이걸 먹게 할 수는 없겠다.
6	I didn't make you do it, you did it yourself.	내가 시킨 게 아니라 네가 한 거잖아.

Make ③ 해내다

No.	영어	한국어
1	Can you make it to there? Be careful.	거기까지 갈 수 있겠어? 조심해.
2	You made it!	해냈다!
3	You made it through!	여기까지 잘 해냈네!
4	You made it this far.	여기까지 잘 왔구나 / 해냈구나.
5	I'm not gonna make it.	시간 안에 안 되겠어(못 하겠어).
6	We made it!	우리가 해냈다!

Make ④ ~가 되게 하다

No.	영어	한국어
1	You made it hard to clean.	치우기 어렵게 해놨네.
2	Don't worry, you didn't make me angry.	걱정 마. 엄마/아빠 화나지 않았어.
3	I'll make this easier for you.	좀 더 하기 쉽게 만들어줄게.
4	Make it flat.	평평하게 만들어.
5	You make me happy.	넌 날 행복하게 해.
6	Don't make me sad.	나 슬프게 하지 마.

Turn ① ~가 되다

No.	영어	한국어
1	It turns brown if you mix everything together.	다 뒤섞어놓으면 갈색이 돼.
2	It turned into a mess.	엉망진창이 되어버렸네.
3	The caterpillar turned into a butterfly.	애벌레가 나비로 변했어요.
4	The sky turned darker.	하늘이 어두워졌어.
5	It turned red.	빨갛게 됐네.
6	Today, you are turning two.	너 오늘 두 살이 돼.

Turn ② 돌리다, 방향을 전환하다

No.	영어	한국어
1	Turn it upside down.	(아랫면이 뒤로 가게) 뒤집어봐.
2	Turn it inside out.	(안쪽면이 밖으로 가게) 뒤집어봐.
3	Turn around.	뒤돌아봐.
4	Turn it this way.	이쪽으로 돌려봐.
5	Turn it 90 degree.	90도 돌려봐.
6	We are turning to the left.	우리 왼쪽으로 (꺾어서) 갈 거야.

Turn ③ 숙어

No.	영어	한국어
1	Turn on the light.	불 켜.
2	Let me turn up the volume.	볼륨 높여줄게.
3	Don't turn away from me.	엄마/아빠한테 등 돌리지 마.
4	He turned me down.	아저씨가 안 된다고 했어 / 거절했어.
5	Turn off the water.	물 잠가.
6	Try turning it over.	(카드, 종이 등) 뒤집어봐.

Let ① 하게 하다, 허락하다

No.	영어	한국어
1	Let me do it.	엄마/아빠가 하게 해줘 / 해줄게.
2	Okay, I'll let you do it once.	그래, 한번 하게 해줄게.
3	I won't let you do that.	그거 못 하게 할 거야.
4	Let me open it.	내가 열어줄게.
5	I can't let you hurt other people.	다른 사람들을 아프게 하도록 둘 수 없어.
6	I gotta let you know that we're leaving in 5 minutes.	우리 5분 안에 떠나야 해 (라고 너한테 알려줘야 해).

Keep ① 유지하다

No.	영어	한국어
1	Let's keep it this way.	이대로 두자.
2	Keep your coat on.	코트 입고 있어(벗지 마).
3	You're good at keeping your balance.	균형 잘 잡네.
4	I'm going to keep my cool.	침착함을 유지할 거야.
5	Let's keep them separate.	그것들은 분리된 채로 두자.
6	I want to keep here clean.	여길 깨끗하게 유지하고 싶어.

Keep ② 계속하다

No.	영어	한국어
1	Keep doing it.	계속 해.
2	If you keep doing that, he/she will get mad.	너 계속 그러면 저 아저씨/아줌마가 화낸다.
3	Keep going.	계속 가.
4	It keeps coming back.	(공 등이) 자꾸 돌아오네.
5	Why do you keep throwing that?	왜 그걸 계속 던져?
6	Do you want me to keep pushing you?	그네 계속 밀어줄까?

Give ① (구체적인 것을) 주다

No.	영어	한국어
1	I'll give you this.	이거 줄게.
2	Give it back to me, please.	그거 돌려주세요.
3	I gave it to you already.	이미 줬잖아.
4	I'll give this to you.	이거 줄게.
5	Who gave you this?	이거 누가 줬어?
6	Are you giving this to me?	이거 나 주는 거야?

Give ② (추상적인 것을) 주다

No.	영어	한국어
1	Give me a second.	잠깐만.
2	I'm gonna give you second chance.	한 번 더 기회를 줄게.
3	You're giving me a hard time.	왜 이렇게 엄마/아빠를 힘들게 하니.
4	Give me a hug.	안아줘.
5	I can give you a massage.	마사지 해줄게.
6	Let's give your bunny a bath.	토끼 인형 목욕 시켜주자.

Give ③ 숙어

No.	영어	한국어
1	Did you give up already?	벌써 포기했어?
2	Look, they're giving out balloons.	저기 봐, 풍선 나눠주고 있네.
3	I won't give in.	엄마/아빠는 포기하지/항복하지 않을 거야.
4	Why don't you give this up to your friend?	이거 네 친구한테 양보하면 어때?
5	She is giving out wet wipes for free.	저 여자분이 물티슈를 무료로 나눠주고 있네.
6	What gave you away?	뭐 때문에 들킨 거야?

Take ① 받다, 잡다

No.	영어	한국어
1	Here, take it.	자, 받아.
2	Can you take this for a moment?	이거 잠깐만 받아줄래?
3	You can take as many as you want.	네가 원하는 만큼 가져가도 돼.
4	Take my hand.	내 손잡아.
5	Take your chance while you can.	할 수 있을 때 기회를 잡아.
6	I'll take the small one.	더 작은 거 가질게.

Take ② 가져가다, 데려가다

No.	영어	한국어
1	You can't take this with you.	이거 가져갈 수 없어.
2	I will take you to mom.	엄마한테 데려다줄게.
3	You can't put this here. what if someone takes it?	여기다 두면 안 돼. 누가 가져가면 어떡해?
4	Take this to daddy.	이거 아빠한테 가져다줘.
5	We will take this home.	이거 집에 가져갈 거야.
6	Let's take an umbrella.	우산 가져가자.

Take ③ 타다

No.	영어	한국어
1	We're taking a taxi.	우리 택시 탈 거야.
2	We're taking a bus.	우리 버스 탈 거야.
3	We're taking a car.	우리 차 탈 거야.
4	We're taking a train.	우리 기차 탈 거야.
5	We're taking an airplane.	우리 비행기 탈 거야.
6	We're going to take that ride.	우리 저 놀이기구 탈 거야.

Take ④ (시간이) 걸리다

No.	영어	한국어
1	It takes time.	시간이 좀 걸려.
2	It takes about 30 minutes to get there.	거기 도착하는 데 30분쯤 걸려.
3	It takes 5 minutes until it's done.	다 될 때까지 5분 걸려.
4	The whole process takes 2 hours.	모든 과정은 2시간 걸립니다.
5	It takes 1 more hour to get in.	들어가려면 1시간 더 기다려야 해.
6	It takes a year to finish the course.	이 코스 끝내려면 1년이 걸린다.

Take ⑤ 먹다, 하다

No.	영어	한국어
1	Time to take medicine.	약 먹을 시간이네.
2	Take a bite/sip.	한 입 먹어 / 마셔.
3	Come and take a look.	와서 한번 봐봐.
4	I am taking a shower.	나 샤워하고 있어.
5	We can take some rest here.	여기서 좀 쉴 수 있겠다.
6	Let's take a walk.	산책하자.

Take ⑥ 숙어

No.	영어	한국어
1	Don't take off your shoes.	신발 벗지 마.
2	There is a bottle of water in my bag. Take it out.	내 가방에 물 있어. 꺼내.
3	Take out your finger.	손가락 빼세요.
4	Let me take off your diaper.	기저귀 벗겨줄게.
5	We'd better take this off.	이건 벗는/떼는 게 좋겠다.
6	You took after me.	너는 날 닮았어.

Put ① 넣다, 놓다

No.	영어	한국어
1	Put it down here.	여기 내려놔.
2	Put that down in the basket.	그거 바구니에 넣자.
3	Where did you put my phone?	내 휴대폰 어디다 뒀어?
4	Let me put the blanket on you.	이불 덮어줄게.
5	Put it on the plate as much as you want.	원하는 만큼 그릇에 담아.
6	Let's put the clothes in the washing machine.	세탁기에 옷 넣자.

Put ② 입다

No.	영어	한국어
1	Put your right leg in here.	여기에 오른 다리 넣어.
2	Put on your backpack.	가방 메.
3	Put on your shoes/socks/diaper.	신발 신어 / 양말 신어 / 기저귀 해.
4	Let's put on your bib.	턱받이 하자.
5	Let me put this hat on you.	모자 씌워줄게.
6	Put on the coat, so you don't catch a cold.	감기 안 걸리게 외투 입자.

Put ③ 바르다, 붙이다

No.	영어	한국어
1	Let's put some cream on.	크림 바르자.
2	You got a boo boo here. Let's put a bandaid on it.	아야 했구나. 반창고 붙이자.
3	I'm putting on a makeup.	화장하고 있어.
4	Did you put the sticker on your hand?	손에 스티커 붙였구나?
5	You shouldn't put that on the wall.	그거 벽에 붙이면 안 돼.
6	I'll put some sunscreen on you.	선크림 발라줄게.

Put ④ 숙어

No.	영어	한국어
1	Put the toy back where it was.	장난감 원래 있던 데다 돌려놔.
2	Let's put this away first, then play with other toys.	이거 치우고 다른 거 가지고 놀자.
3	Take off your shoes and put them away neatly.	신발 벗어서 가지런히 놔줘.
4	Daddy put in a lot of work on this puzzle.	아빠가 이 퍼즐에 많은 노력을 기울였어.
5	Can you put your toys away?	장난감 치워줄래?
6	The firemen are trying to put off the fire!	소방관들이 불을 끄려고 하네!

Go ① 가다

No.	영어	한국어
1	Let's go to the other room.	다른 방으로 가자.
2	He went out.	아빠/오빠/동생 나갔어.
3	You wanna go potty?	화장실 가고 싶어?
4	We can't go out today, because it's raining too much.	비가 너무 많이 와서 밖에 나갈 수가 없어.
5	Go after your dad.	아빠 따라가.
6	I'll go wash my hand and come back.	가서 손 씻고 올게.

Go ② ~한 상태가 되다

No.	영어	한국어
1	How did it go?	어떻게 됐어?
2	This milk is gone bad.	이 우유 상했네.
3	If it goes wrong, you can do it again.	뭔가 잘못되면, 다시 하면 돼.
4	When it goes brown, you should not eat it.	갈색으로 변하면 먹으면 안 돼.
5	You went naked!	발가벗었네!
6	It seems like it didn't go well.	잘 안된 것 같네.

Go ③ ~한 소리를 내다

No.	영어	한국어
1	The engine goes "vroom, vroom".	엔진은 부릉부릉 해요.
2	The cicada goes "chirp, chirp".	매미는 맴맴 해요.
3	It went "boom".	쾅 소리가 났어.
4	The dog goes "woof, woof".	개는 왈왈 짖어요.
5	The train went "choo choo".	기차는 츄츄 했어요.
6	The cow goes "moo~"	소는 음매 해요.

Go ④ 숙어

No.	영어	한국어
1	Go for it!	파이팅 / 한번 해보자!
2	Go ahead.	얼른 해봐 / 먼저 가세요.
3	Let's go on to the next page.	다음 페이지로 넘어가자.
4	It goes like this.	그건 이렇게 되는 거야. (노래, 이야기 등)
5	Way to go!	잘한다!
6	What's going on?	무슨 일이야?

언어는 누구에게나
평등합니다

"언어는 누구에게나 평등하다."

이 책을 만들면서 꼭 전달하고 싶었던 메시지예요. 한국에서는 아이에게 바이링구얼 환경을 만들어주는 것이 돈 많은 사람들의 특권처럼 인식되는 것 같아요. 영어를 잘 못하고, 해외 유학이나 영어 유치원에 보낼 수 없는 부모는 아이에게 영어를 가르쳐줄 수 없다는 생각이 일반적이죠.

물론 어떤 교육의 기회든 경제력과 무관하지 않습니다. 그렇지만 이 책의 서두에서 이야기한 것처럼, 영어에서 '교육'이라는 프레임을 걷어내고 생각해보아야 합니다. 영어는 한국어와 마찬가지로 하나의 언어입니다. 그리고 언어는 누구에게나 평등해요.

이 책을 통해 경제적으로 평범한 대한민국의 '보통 부모'들이 의지를 갖고 아이를 위한 '영어 환경 만들기' 프로젝트에 많이 참여해보길 간절히 바랍니다. 부모가 배움의 의욕을 가지면 인터넷에 넘쳐나는 무료 자료들, 전화 영어, 앱 서비스 등 돈이 아주 많이 들지 않는 방법들을 통해 얼마든지 해낼 수 있어요.

"풍족한 집은 아니지만 바이링구얼 육아에 대해 일찍 알게 되었어요. 많은 돈이 들지 않는 방식을 찾아 아이에게 외국어 기반을 만들어줄 수 있었고, 아이의 성공에 큰 기반이 되었어요."

이 책을 통해 이런 사례가 하나라도 나온다면 저는 정말 행복할 거예요. 그런 마음으로 이 책을 썼습니다.

또 하나, 아이에게 굳이 필요하지 않은 고가의 전집이나 교구 세트 등을 사는 데 지나치게 치중하고 있지 않은가 생각해보면 좋겠어요. 그 돈으로 부모가 시간을 만들어서 영어를 배우거나, 영어를 잘하는 놀이 시터를 고용하거나, 저축을 해서 아이가 크면 함께 해외 여행을 가는 등, 아이에게 훨씬 더 도움이 되는 방향으로 소비할 수 있거든요.

요즘 어린이 영어 책을 잘 갖추어놓은 도서관도 참 많아요. 또 부모가 영어 실력을 키우고 바이링구얼 육아 커뮤니티의 도움도 받는다면 영어 교육은 정말 적은 비용으로 해나갈 수 있어요.

마지막으로, 영어 환경 만들어주기 프로젝트를 시작할 계획이 있다면 앞으로 수도 없이 겪게 될 "어린아이에게 뭘 그렇게까지"라는 식의 냉소 섞인 시선(혹은 내면의 목소리)에 대응하는 방법을 알려드릴게요. 콜린 베이커 박사의 책에 나온 내용입니다.

"뱃속의 아이에게 음악 들려주기, 태어나자마자 수영시키기, 어릴 때부터 문자나 숫자 가르치기, 바이링구얼 환경 만들어주기 등 부모들의 노력을 '오버하는' 육아라며 비판하는 이들이 있다. 내게는 이것이 '오버하는' 비판으로 보인다. 사람들은 아이들이 음악과 수영, 읽기와 숫자 세기 그리고 바이링구얼이 되는 과정에서 얻을 수 있는 순수한 즐거움을 이해하지 못하는 것 같다."

아시겠죠? "뭘 그렇게까지 육아해?"라는 비난은 "뭘 그렇게까지 비판해?"라고 넘기면 됩니다.

Just believe yourself and your child. Good Luck!

미주

1   Kiaer, J., Morgan-Brown, J. M., & Choi, N. (2021). *Young children's foreign language anxiety: The case of South Korea* (Vol. 15). Multilingual Matters..

2   King, K. A., & Mackey, A. (2007). *The bilingual edge: Why, when, and how to teach your child a second language*. New York: Collins.

3   Perszyk, D. R., & Waxman, S. R. (2019). Infants' advances in speech perception shape their earliest links between language and cognition. *Scientific reports, 9*(1), 3293.

4   Kuhl, P. K., Conboy, B. T., Padden, D., Nelson, T., & Pruitt, J. (2005). Early speech perception and later language development: Implications for the "critical period". *Language learning and development, 1*(3-4), 237-264.

5   Werker, J. F., & Hensch, T. K. (2015). Critical periods in speech perception: New directions. *Annual review of psychology, 66*, 173-196.

6   McMurray, B. (2023). The acquisition of speech categories: Beyond perceptual narrowing, beyond unsupervised learning and beyond infancy. *Language, Cognition and Neuroscience, 38*(4), 419-445.

7   이와 관련된 근거는, 유튜브 '베싸TV'의 '영유아 외국어 노출 시기'에서 소개한 바 있습니다.

8   Lowe, C. J., Cho, I., Goldsmith, S. F., & Morton, J. B. (2021). The Bilingual Advantage in Children's Executive Functioning Is Not Related to Language Status: A Meta-Analytic Review. *Psychological science, 32*(7), 1115-1146.

    Van den Noort, M., Struys, E., Bosch, P., Jaswetz, L., Perriard, B., Yeo, S., ... & Lim, S. (2019). Does the bilingual advantage in cognitive control exist and if so, what are its modulating factors? A systematic review. *Behavioral Sciences, 9*(3), 27.

9   Gunnerud, H. L., Ten Braak, D., Reikerås, E. K. L., Donolato, E., & Melby-Lervåg, M. (2020). Is bilingualism related to a cognitive advantage in children? A systematic review and meta-analysis. *Psychological Bulletin, 146*(12), 1059.

10   Tao, L., Wang, G., Zhu, M., & Cai, Q. (2021). Bilingualism and domain-general cognitive functions from a neural perspective: A systematic review. *Neuroscience and biobehavioral reviews*, *125*, 264 – 295.

11   Ferjan Ramírez, N., Ramírez, R. R., Clarke, M., Taulu, S., & Kuhl, P. K. (2017). Speech discrimination in 11-month-old bilingual and monolingual infants: a magnetoencephalography study. *Developmental science*, *20*(1), e12427.

12   Rainey, V. R., Davidson, D., & Li-Grining, C. (2016). Executive functions as predictors of syntactic awareness in English monolingual and English – Spanish bilingual language brokers and nonbrokers. *Applied Psycholinguistics*, *37*(4), 963-995.

13   Schroeder, S. R. (2018). Do bilinguals have an advantage in theory of mind? A meta-analysis. *Frontiers in Communication*, *3*, 36.

14   Fan, S. P., Liberman, Z., Keysar, B., & Kinzler, K. D. (2015). The exposure advantage: Early exposure to a multilingual environment promotes effective communication. *Psychological science*, *26*(7), 1090-1097.

15   Javor, R. (2016). Bilingualism, theory of mind and perspective-taking: The effect of early bilingual exposure. *Psychology and Behavioral Sciences*, *5*(6), 143-148.

16   Kaushanskaya, M., & Marian, V. (2009). The bilingual advantage in novel word learning. *Psychonomic bulletin & review*, *16*, 705-710.

17   Durand López, E. M. (2021). A bilingual advantage in memory capacity: Assessing the roles of proficiency, number of languages acquired and age of acquisition. *International Journal of Bilingualism*, *25*(3), 606 – 621.

18   Yow, W. Q., & Markman, E. M. (2011). Young bilingual children's heightened sensitivity to referential cues. *Journal of cognition and development*, *12*(1), 12-31.

19   Antoniou, M., Liang, E., Ettlinger, M., & Wong, P. C. (2015). The bilingual advantage in phonetic learning. *Bilingualism: Language and Cognition*, *18*(4), 683-695.

20   Durand Lopez, E. M. (2021). A bilingual advantage in memory capacity: Assessing the roles of proficiency, number of languages acquired and age of acquisition. *International Journal of Bilingualism*, *25*(3), 606-621.

21   Gopnik, A., & Choi, S. (1990). Do linguistic differences lead to cognitive differences? A cross-linguistic study of semantic and cognitive development. *First language*, *10*(30), 199-215.

22 　리처드 니스벳 저, 최인철 역, 『생각의 지도』. 김영사, 2004

23 　Colin Baker, A Parents' and teachers' Guide to Bilingualism, 4th edition. (2014). Multilingual Matters.

24 　Leikin, M. (2013). The effect of bilingualism on creativity: Developmental and educational perspectives. *International Journal of Bilingualism*, *17*(4), 431-447.

25 　Colin Baker, 상동..

26 　Chamorro, G., & Janke, V. (2022). Investigating the bilingual advantage: the impact of L2 exposure on the social and cognitive skills of monolingually-raised children in bilingual education. *International Journal of Bilingual Education and Bilingualism*, *25*(5), 1765-1781.

27 　Yelland, G. W., Pollard, J., & Mercuri, A. (1993). The metalinguistic benefits of limited contact with a second language. *Applied psycholinguistics*, *14*(4), 423-444.

28 　Colin Baker, 상동.

29 　Too often, well-meaning doctors and teachers tend to reflect in their answers the prejudices and negative beliefs of previous decades. Such advice is contrary to current research and expert opinion about bilingualism.

30 　Kohnert, K. (2010). Bilingual children with primary language impairment: Issues, evidence and implications for clinical actions. *Journal of communication disorders*, *43*(6), 456-473.

31 　Serratrice, L. (2012). The bilingual child. *The handbook of bilingualism and multilingualism*, 85-108.

32 　Kuhl, P. K., Conboy, B. T., Coffey-Corina, S., Padden, D., Rivera-Gaxiola, M., & Nelson, T. (2008). Phonetic learning as a pathway to language: new data and native language magnet theory expanded (NLM-e). *Philosophical Transactions of the Royal Society B: Biological Sciences*, *363*(1493), 979-1000.

33 　Höhle B, Bijeljac-Babic R, Nazzi T (2020). Variability and stability in early language acquisition: Comparing monolingual and bilingual infants' speech perception and word recognition. Bilingualism: Language and Cognition 23, 56－71.

34 　Saville-Troike, M., & Barto, K. (2016). *Introducing second language acquisition*. Cambridge University Press.

35   Tsimpli, I. M. (2014). Early, late or very late? *Linguist. Approaches Biling.* 4, 283－313.

36   Bialystok, E., Luk, G., Peets, K. F., & Yang, S. (2010). Receptive vocabulary differences in monolingual and bilingual children. *Bilingualism (Cambridge, England), 13*(4), 525－531.

37   Runnqvist, E., Fitzpatrick, I., Strijkers, K., & Costa, A. (2012). An appraisal of the bilingual language production system: quantitatively or qualitatively different from monolinguals?. *The handbook of bilingualism and multilingualism*, 244-265.

38   Allman, B. (2005). Vocabulary size and accuracy of monolingual and bilingual preschool children. In *Proceedings of the 4th International Symposium on Bilingualism* (Vol. 5, pp. 58-77). Somerville, MA: Cascadilla Press.

39   Guiberson, M. (2013). Bilingual myth－busters series language confusion in bilingual children. *Perspectives on Communication Disorders and Sciences in Culturally and Linguistically Diverse (CLD) Populations*, *20*(1), 5-14.

40   Byers－Heinlein, K., & Lew－Williams, C. (2013). Bilingualism in the Early Years: What the Science Says. *LEARNing landscapes*, *7*(1), 95－112.

41   Colin Baker, 상동.

42   "Will learning a second language interfere with development in the first language?"

      "The answer is no, definitely not."

43   "You don't need to know calculus to count to ten."

44   Christine, B. J. (2010). Teaching Your Child a Second Language. *The Bilingual Family Newsletter*, *27*(2), 1-3.

45   https://onraisingbilingualchildren.com/parents－as－language－partners/ Carder, M. (2007). *Bilingualism in international schools: A model for enriching language education*. Multilingual matters. p125

46   "Bilingualism is the ability to understand and use two languages in certain contexts and for certain purposes."

47   Friederici, A. D., Mueller, J. L., & Oberecker, R. (2011). Precursors to natural grammar learning: preliminary evidence from 4－month-old infants. *PLoS One*, *6*(3), e17920.

48   Bosch, L., & Sebastián－Gallés, N. (2001). Evidence of early language discrimination abilities in infants from bilingual environments. *Infancy*, *2*(1),

29-49.

49 McCarthy, K. M., Mahon, M., Rosen, S., & Evans, B. G. (2014). Speech Perception and Production by Sequential Bilingual Children: A Longitudinal Study of Voice Onset Time Acquisition. Child Development, 85(5), 1965 – 1980. https://doi.org/10.1111/cdev.12275

50 Richards, J., & Rodgers, T. (2001). Suggestopedia. In *Approaches and Methods in Language Teaching*(Cambridge Language Teaching Library, pp. 100-107). Cambridge: Cambridge University Press. doi:10.1017/CBO9780511667305.011

51 Krashen, S. D. (2004). *The power of reading: Insights from the research*. Bloomsbury Publishing USA.

52 "In fact, the frequency with which children were read to in a foreign language had more of an impact than even the total exposure they had to the language."

53 Schön, D., Boyer, M., Moreno, S., Besson, M., Peretz, I., & Kolinsky, R. (2008). Songs as an aid for language acquisition. *Cognition*, *106*(2), 975-983.

54 Politimou, N., Dalla Bella, S., Farrugia, N., & Franco, F. (2019). Born to speak and sing: Musical predictors of language development in pre-schoolers. *Frontiers in Psychology*, *10*, 450640.

55 Phillips-Silver, J. (2009). On the meaning of movement in music, development and the brain. *Contemporary Music Review*, *28*(3), 293-314.

56 Troseth, G. L., Saylor, M. M., & Archer, A. H. (2006). Young children's use of video as a source of socially relevant information. Child development, 77(3), 786-799.

Reid Chassiakos, Y. L., Radesky, J., Christakis, D., Moreno, M. A., Cross, C., Hill, D., ... & Swanson, W. S. (2016). Children and adolescents and digital media. Pediatrics, 138(5).

57 "It may be important for the child to realize early on that the nuclear family's language island connects with language territory and language communities elsewhere."

58 Ramírez-Esparza, N., García-Sierra, A., & Kuhl, P. K. (2014). Look who's talking: Speech style and social context in language input to infants are linked to concurrent and future speech development. *Developmental science*, *17*(6), 880-891.

59 Singh, L., Morgan, J. L., & Best, C. T. (2002). Infants' listening preferences:

Baby talk or happy talk?. *Infancy*, *3*(3), 365-394.

60 Ellis, N. C. (2005). At the interface: Dynamic interactions of explicit and implicit language knowledge. *Studies in second language acquisition*, *27*(2), 305-352.

61 Kieseier, T., Thoma, D., Vogelbacher, M., & Holger, H. (2022). Differential effects of metalinguistic awareness components in early foreign language acquisition of English vocabulary and grammar. *Language awareness*, *31*(4), 495-514.

62 BYERS-HEINLEIN, K. (2013). Parental language mixing: Its measurement and the relation of mixed input to young bilingual children's vocabulary size. Bilingualism: Language and Cognition, 16(1), 32-48. https://doi.org/10.1017/S1366728912000120

63 Potter, C. E., Fourakis, E., Morin-Lessard, E., Byers-Heinlein, K., & Lew-Williams, C. (2019). Bilingual toddlers' comprehension of mixed sentences is asymmetrical across their two languages. *Developmental science*, *22*(4), e12794. https://doi.org/10.1111/desc.12794

64 Colin Baker, A Parents' and Teachers' Guide to Bilingualism, Multilingual Matters, 2014

65 Bergström, K., Klatte, M., Steinbrink, C., & Lachmann, T. (2016). First and second language acquisition in German children attending a kindergarten immersion program: A combined longitudinal and cross-sectional study. *Language Learning*, *66*(2), 386-418.

66 황혜신(2004), 「조기 영어 교육이 유아의 이중 언어 발달에 미치는 영향」. 한국생활과학회지, 13(4), 497-506.

67 하연희, & 천희영(2005). 「유아의 영어교육 시작연령과 교육기관에 따른 모국어와 사회성 발달」. *아동연구*, *14*, 35-53.

68 김민진(2012). 「조기영어교육 경험이 유아의 사회언어학적 능력 발달에 미치는 영향」. 유아교육학논집, *16*(5), 459-486.

69 Kiaer, J., Morgan-Brown, J. M., & Choi, N. (2021). *Young children's foreign language anxiety: The case of South Korea* (Vol. 15). Multilingual Matters.

70 Joussemet, M., Koestner, R., Lekes, N., & Houlfort, N. (2004). Introducing uninteresting tasks to children: A comparison of the effects of rewards and autonomy support. *Journal of personality*, *72*(1), 139-166.

71 Kubota, M. (2019). Language change in bilingual returnee children: Mutu-

al effects of bilingual experience and cognition. Unpublished PhD Thesis. Edinburgh : University of Edinburgh.

72 Nagasawa, S. (1999). Learning and losing Japanese as a second language: A multiple case study of American university students. In L. Hansen (Ed.), Second language attrition in Japanese contexts (pp. 169 – 200). Oxford: Oxford University Press.

Hansen, L. (1999). Not a total loss: The Attrition of Japanese Negation over Three Decades. In L. Hansen (Ed.), Second language attrition in Japanese contexts (pp. 142 – 153). Oxford: Oxford University Press.

73 Tomiyama, M. (2008). Age and proficiency in L2 attrition: Data from two siblings. Applied Linguistics, 30(2), 253 – 275..

74 Hansen-Strain, L. (1990). The attrition of Japanese by English-speaking children: An interim report. Language Sciences, 12(4), 367 – 377.

75   Hartshorne, J. K., Tenenbaum, J. B., & Pinker, S. (2018). A critical period for second language acquisition: Evidence from 2/3 million English speakers. *Cognition*, *177*, 263–277.

76 Matos, J., & Flores, C. (2024). More insights into the interaction between age, exposure, and attitudes in language attrition and retention from the perspective of bilingual returnees. International Journal of Bilingualism, 28(1), 24 – 42.

77 Hansen, L., & Chantrill, C. (1999). Literacy as a second language anchor: Evidence from L2 Japanese and L2 Chinese. In Representation and process: Proceedings of the 3rd Pacific Second Language Research Forum (Vol. 1, pp. 279 – 286). Tokyo: Aoyama Gakuin University.

78 미국소아과학회 홈페이지 아티클: https://www.healthychildren.org/English/ages-stages/ toddler/Pages/Language-Delay.aspx

79 Park, H. S. (2015). Korean adoptees in Sweden: Have they lost their first language completely?, *Applied Psycholinguistics*, *36*(4), 773–797.

베싸의 말문이 트이는 영어 육아

초판 1쇄 발행 2025년 1월 25일

지은이 박정은
브랜드 온더페이지
출판 총괄 안대현
책임편집 심보경
편집 김효주, 정은솔, 이제호
마케팅 김윤성
표지·본문디자인 스튜디오 글리

발행인 김의현
발행처 (주)사이다경제
출판등록 제2021-000224호(2021년 7월 8일)
주소 서울특별시 강남구 테헤란로33길 13-3, 7층(역삼동)
홈페이지 cidermics.com
이메일 gyeongiloumbooks@gmail.com (출간 문의)
전화 02-2088-1804   **팩스** 02-2088-5813
종이 다올페이퍼   **인쇄** 재영피앤비
ISBN 979-11-94508-03-8 (03590)